华东理工大学
艺术设计与传媒学院系列教材

华东理工大学
校园植物图鉴

冯 璐 张雅玮 魏本悦 编 著

華東理工大學出版社
EAST CHINA UNIVERSITY OF SCIENCE AND TECHNOLOGY PRESS
·上海·

图书在版编目（CIP）数据

华东理工大学校园植物图鉴 / 冯璐，张雅玮，魏本悦编著. -- 上海：华东理工大学出版社，2025. 1.
ISBN 978-7-5628-7618-2

Ⅰ. Q948.527.51-64

中国国家版本馆CIP数据核字第2024EP9368号

策划编辑 / 左金萍
责任编辑 / 左金萍
责任校对 / 王雪飞
装帧设计 / 徐　蓉　冯　璐
出版发行 / 华东理工大学出版社有限公司
地址：上海市梅陇路130号，200237
电话：021-64250306
网址：www.ecustpress.cn
邮箱：zongbianban@ecustpress.cn
印　　刷 / 上海雅昌艺术印刷有限公司
开　　本 / 710 mm × 1000 mm　1/16
印　　张 / 15.25
插　　页 / 23页
字　　数 / 293千字
版　　次 / 2025年1月第1版
印　　次 / 2025年1月第1次
定　　价 / 128.00元

序

华东理工大学，自1952年创立至今，已走过70余载的光辉历程。在这漫长的岁月里，学校始终坚守“勤奋求实，励志明德”的校训，坚持特色鲜明、创新发展，积淀了深厚的办学传统，成为一所多学科协调发展的综合性大学。在新的发展阶段，学校更是深入实践“创新、协调、绿色、开放、共享”的发展理念，推进“五育融合”，赋能学生全面成长。《华东理工大学校园植物图鉴》的出版，不仅展示了充满生机的校园环境对学生人格养成的重要影响，更是学校科艺融合、知行合一的美育理念所取得的创新成果。

大学校园，作为知识的殿堂和品格的熔炉，每一寸土地、每一株植物都承载着教育的使命，在无形中传递着中国深厚的精神文化和价值观念。“十年树木，百年树人。”植物的生长与人的成长相辅相成，共同演绎了生命的华章。樟树“樛枝平地虬龙走，高干半空风雨寒”，坚韧如君子；梅花“冰雪林中著此身，不同桃李混芳尘”，高洁如国士。它们的品格激励着学子们无论顺境、逆境，都奋发向前。图鉴以精美的图片和详尽的科普知识，将这种自然之美与校园文化完美结合，呈现出一幅幅生动的画面。

“一砖一瓦皆是诗，一草一木总关情。”华东理工大学的校园，建筑与植物交错成景，融入每位师生的“三餐四季”中。春天的樱花如云似霞，“山樱发欲然，灼灼早春华”，唤起我们对美好生活的向往；夏日的水杉树影摇曳，带来一丝丝清凉；秋天的桂香四溢，“何须浅碧轻红色，自是花中第一流”，让我们学会静思与自省；冬日的松柏挺立，“岁不寒无以知松柏，事不难无以知君子”，鼓励我们迎难而上、直面挑战。这些植物不仅是校园美景的营造者，更是师生们共同成长的见证者，静静地陪伴着一代又一代的华理人求知、求真、求实，向光而行，向阳而生。

在图鉴的编撰过程中，编者用心感受着校园的每一个角落，历经春夏秋冬，捕捉植物最美的瞬间。这一过程不仅凝聚了编者的心血，更得到了全校多个专业师生的参与和助力。大家各司其职，识别、测绘、摄影、插图等工作有条不紊地进行，最终汇聚成这本既科学严谨又图文并茂的图鉴。“共学”“共创”“共融”，这个过程正是对华东理工大学以文化人、以美育人的教育思想的完整实践。

最后，愿这本图鉴不仅成为师生们学习和研究的得力助手，更成为大家心灵的滋养之源；在欣赏植物之美的同时，也能深刻体会到生命的奥秘和自然的伟大。让我们共同汲取智慧，感悟生命的真谛，以更加敬畏自然、热爱生命的态度去拥抱每一个明天。

华东理工大学副校长

2024年11月23日

前　言

华东理工大学现有徐汇和奉贤两个校区。其中徐汇校区作为老校区，具有悠久的历史和优美的环境，现占地934.4亩①，拥有园林植物200余种，是本书的主要研究场地。校园内多个植物空间成了校园景观的亮点，如大草坪、水杉林、鲁华生态园等。校园也是风景园林、环境设计、植物保护、药学、生物科学等相关专业的重要植物认知场所。因此，本书的编写一方面是为了展现校园文化，另一方面是为了给师生提供一个交流植物知识的平台。

本书希望体现两个方面的特色，一个特色是“科艺融合”。本书由艺术设计与传媒学院景观规划设计系具有植物学背景的师生主持编撰。同时为了增加植物识别的准确性，本书邀请了两位植物学专家作为顾问，专家在校园现场进行了植物的核对。为了提高植物测绘图的准确性，每张图纸由两组学生分别测绘再整合，并经过研究生、教师的两轮现场核对。在体现植物图鉴科学性的同时，本书也希望能够体现植物之美和校园之美。因此，书中通过摄影的方式记录了校园植物的美景，通过插画的方式展示了校园植物景点，也通过精美的测绘图展现了校园植物的分布。

---

① 1亩≈666.67平方米。

另一个特色是希望做一本有温度的公众参与式的植物图鉴。华东理工大学的植物图鉴服务于全校的师生，因此也希望能够调动不同专业、不同部门师生的共同参与。例如，依托风景园林专业的必修课“园林植物学”，风景园林专业2021级和2022级全体同学参与了徐汇校区的植物测绘，两届学生两两成组，完成了全校区植物的摸排，并通过精美的植物地图展示校园植物的具体布局，便于大家按图索骥。另外，依托全校美育公选课“校园植物鉴赏”，来自全校多个专业的同学参与到了图鉴的编撰过程中。每位同学负责一种校园植物的摸排，内容包括该种植物的校园分布、植物摄影作品和植物文字等。不同背景、不同专业的学生贡献了他们独特的见解，展示了他们心中校园植物的最美面貌。同时，艺术设计与传媒学院于2023年年底发起了“校园植物摄影作品征集活动”，面向全校师生征集校园植物照片，收集到了来自不同专业、不同部门师生的各色植物摄影作品。

本书得到了华东理工大学学校领导、教务处、艺术设计与传媒学院的大力支持，在此表示特别感谢！

本书邀请了上海植物园的植物专家王玉勤和植物识别软件形色的植物专家汪远作为顾问。感谢两位专家在植物识别鉴定和书稿校对中的帮助和支持。

在编撰的过程中，艺术设计与传媒学院的师生提供了大量的工作支持，在此表示感谢。除了三位主编进行了主要的编写、摄影、绘图等工作外，视觉传达专业的本科生吴俊妍协助绘制了12张12个月校园植物景点插画。另外景观规划设计系的研究生何彦、马靖、孙雨婷、余辰雯、龚燕、蒋易蒙、金婉婷、梁志沅、徐怿航等承担了大量的植物摄影、图纸绘制、图文排版、书稿校对等方面的工作。

本书采用APG分类系统，植物名录按照乔灌草和科属首字母排序。本书分为“12个月校园植物景点”“植物图文介绍”“观赏季相表”“校园植物测绘”等几个主要部分。植物摄影和植物测绘进行于2023—2024年，其间个别场地由于施工和季节性替换，植物可能有所变化；观测的花期以这两年为主，每年也可能略有不同。本书完成仓促，其中难免有错漏，恳请读者提出宝贵的建议。

冯　璐

2024年10月

目　录

灌木

草本

竹类植物

藤本植物

水生植物

01 月
攀登牌 香樟

02月
档案馆 山茶

03 月
大草坪　玉兰

04月
晨园　日本晚樱
晨园
CHEN YUAN

05月
友谊餐厅　紫藤
友谊餐厅

06月
刺桐园　石榴

07 月

乒乓馆　枫杨

08月
梅陇港　紫薇

09月
图书馆 夹竹桃

10月
金牛　木樨

11月
青春河　鸡爪槭

12月
读书林　水杉

1 侧柏（柏科 侧柏属）

Platycladus orientalis (L.) Franco

校园分布： 第二教学楼（以下简称二教）门口。

形态特征： 常绿乔木，株高可达20米，幼树呈尖塔形，老树呈广卵形。树皮纵裂成条片状，枝条向上伸展或斜展。叶鳞形，先端微钝。雄球花为黄色，近球形。球果近卵圆形，种子为灰褐色或紫褐色。花期为3—4月，果熟期为10月。

生态习性： 喜光，耐旱，耐瘠薄，寿命长。

应用价值： 栽培供观赏，可作为木材和入药。

图片来源：（左）冯璐、（右）蒋易蒙

2 龙柏（柏科　刺柏属）

Juniperus chinensis ‘Kaizuca’

别　　名： 火炬柏。

校园分布： 广布。

形态特征： 常绿乔木，株高可达8米，树冠呈柱状圆锥形。小枝繁密，侧枝端梢扭转上升。花单性，雌雄异株，顶生，呈淡黄绿色。球果近圆球形，呈蓝色，微覆白粉，成熟后呈暗褐色。花期为4月，果熟期为10月。

生态习性： 喜阳，稍耐阴，耐修剪，不耐寒，对二氧化硫和氯抗性强。

应用价值： 栽培供观赏，可作为行道树，亦可修剪为绿篱。

小 知 识： 因侧枝斜上抱茎生长，似青龙缠柱而得名“龙柏”。

图片来源：（上）王子扬、（左下）冯璐、（右下）孙雨婷

3 塔枝圆柏（柏科　刺柏属）

Juniperus komarovii Florin

别　　名： 蜀桧。

校园分布： 逸夫楼西侧、第七教学楼（以下简称七教）西侧。

形态特征： 常绿乔木，株高可达10米，树冠呈柱状圆锥形。树皮为褐灰色或灰色，纵裂成条状薄片。叶二型，多为刺形；叶直伸而紧密，3叶交叉轮生。球果呈卵圆形或近球形，成熟时为黄褐色至蓝紫色，有光泽。

生态习性： 喜光，耐半阴，耐修剪，适应多种土壤，寿命长。

应用价值： 栽培供观赏，常用于行道植物或围墙点缀。

图片来源：孙雨婷

4 圆柏（柏科　刺柏属）

Juniperus chinensis Roxb.

别　　名： 桧柏。

校园分布： 紫藤园门口。

形态特征： 常绿乔木，株高可达20米，树冠呈柱状圆锥形。树皮为深灰色，纵裂，成条片开裂。叶二型，刺叶生于幼树之上，老龄树则全为鳞叶，壮龄树兼有刺叶与鳞叶。雌雄异株，稀同株，雄球花呈黄色，椭圆形。球果近圆球形，两年成熟，成熟时为暗褐色，被白粉或白粉脱落。花期为4月下旬，果熟期为翌年10—11月。

生态习性： 耐修剪，易整形，寿命极长，对多种有害气体具有抗性。

应用价值： 栽培供观赏，可提取柏木脑和柏木油，亦可作为木材。

小 知 识：《尔雅》中描述圆柏，称“其枝叶乍桧乍柏，一枝之间屡变”，准确地描述了圆柏鳞叶、刺叶兼具的特点。

图片来源：汪远

5 柳杉（柏科　柳杉属）

Cryptomeria japonica var. sinensis Miq.

校园分布： 西门东侧、紫藤园内。

形态特征： 常绿乔木，株高可达40米，树冠呈圆锥形。树皮为红棕色，纤维状，裂成长条片脱落。叶钻形略向内弯曲。雄球花单生于叶腋，集生于小枝上部，呈短穗状花序；雌球花顶生于短枝上。球果呈圆球形或扁球形。花期为4月，果熟期为10—11月。

生态习性： 喜光，稍耐阴，抗风耐寒，喜温暖湿润气候。

应用价值： 栽培供观赏，可供造纸等用材，亦可提取精油。

小 知 识： 柳杉是我国特有树种，树叶经霜冻而不变色，区别于日本柳杉。

图片来源：孙雨婷

6 水杉（柏科 水杉属）

Metasequoia glyptostroboides Hu & W. C. Cheng

校园分布： 广布。

形态特征： 落叶乔木，株高可达50米，树冠呈圆锥形。树皮为灰色，裂成条片状脱落。叶对生，绿色。雄球花呈总状花序或圆锥花序，雌球花单生侧生于小枝顶端。果实呈球形，成熟时为深褐色。花期为2—3月，果熟期为10—11月。秋色叶为红褐色，色叶期为11—12月。

生态习性： 喜光，耐寒，不耐旱，喜酸性土壤。

应用价值： 栽培供观赏，滨水绿化的优良树种，亦可作为木材。

小 知 识： 水杉是世界上唯一一种先发现化石、后发现活植物的物种。

图片来源：鄢上松

7 乌桕（大戟科　乌桕属）

Triadica sebifera (L.) Small

校园分布： 校医院门口、梅陇港旁绿地等。

形态特征： 落叶乔木，株高可达15米，树冠呈椭圆形。树干为暗灰色，有纵裂纹。叶纸质，互生，呈菱形或菱状卵形，叶脉为网状。花雌雄同株，总状花序聚生于顶部。蒴果呈梨状球形，成熟后为黑色。种子为黑色，扁球形，外被白色蜡质假种皮。花期为6月。秋色叶为红色，色叶期为11月。

生态习性： 喜高温湿润气候，耐寒，耐热，耐旱，耐瘠薄，耐间歇水淹。

应用价值： 栽培供观赏，叶可作为黑色染料。

图片来源：（上）冯璐、（左）王建蝶、（右）何彦

8 朴树（大麻科　朴属）

Celtis sinensis Pers.

校园分布： 校医院西北侧、第三教学楼（以下简称三教）西侧、南门西侧、团结一楼南侧、信息科学与工程学院南侧等。

形态特征： 落叶乔木，株高可达20米，树冠呈伞状椭圆形。树皮为深灰色，平滑，一年生枝密被柔毛。叶互生，革质，卵形或椭圆形，基部近对称或稍偏斜，中上部具圆齿。花杂性，同株，1～3朵生于当年枝叶腋，黄绿色。核果近球形，成熟时为黄色或橙黄色。花期为4—5月，果熟期为9—10月。秋色叶为黄色，色叶期为11—12月。

生态习性： 喜光，稍耐阴，耐寒，耐旱，耐水湿，耐瘠薄，喜温暖湿润气候，适应力强。

应用价值： 栽培供观赏，可用于工矿绿化。

图片来源：孙雨婷

9 珊瑚朴（大麻科　朴属）

Celtis julianae C. K. Schneid.

校园分布： 梅陇港旁绿地。

形态特征： 落叶乔木，株高可达30米。树皮为淡灰色至深灰色。叶厚纸质，宽卵圆形至尖卵圆状椭圆形，基部近圆形或稍不对称，叶面粗糙，背面被毛，近全缘或上部以上具浅锯齿。果实单生于叶腋，椭圆形至近球形，成熟时为金黄色或橙黄色。花期为3—10月，果熟期为9—10月。

生态习性： 喜光，稍耐阴，深根性，抗污染。

应用价值： 栽培供观赏，可作为木材和造纸原料。

图片来源：冯璐

10 刺槐（豆科 刺槐属）

Robinia pseudoacacia L.

别　　名： 洋槐。

校园分布： 三教南侧绿地。

形态特征： 落叶乔木，株高为10～25米，树冠呈广卵形。树皮浅裂至深纵裂，稀光滑；小枝初被毛，后无毛；具托叶刺。羽状复叶，小叶为2～12对，常对生，椭圆形、长椭圆形或卵形，先端圆，微凹，全缘。总状花序腋生，下垂；花冠为白色，芳香。荚果呈线状长圆形，为褐色或具红褐色斑纹。花期为4月下旬—5月上旬，果熟期为7—8月。

生态习性： 喜光，对土壤要求不高，根系浅，抗风性弱。

应用价值： 栽培供观赏，亦是优良的蜜源植物。

小 知 识： 刺槐和国槐具有差异，最直观的一点是国槐无刺，而刺槐的复叶基部具有托叶刺（成熟后会脱落）。此外，国槐叶片顶端较尖、下面为灰白色，刺槐叶形较圆、下面为灰绿色；国槐花为浅黄绿色、花小无味，刺槐花为白色、花大且香；国槐花期为8月，刺槐花期为5月。

图片来源：侯觉

11 合欢（豆科 合欢属）

Albizia julibrissin Durazz.

别　　名： 绒花树、马缨花。

校园分布： 实验二楼北侧。

形态特征： 落叶乔木，株高可达16米，树冠呈伞状圆头形。小枝有棱角，嫩枝、叶子、花序上都有细小绒毛。叶子较小，针状，二回羽状复叶，互生。头状花序于枝顶排成圆锥花序，雄蕊多数，上部呈粉红色。荚果呈带状，嫩荚有柔毛，老果则无柔毛。花期为6—8月，果熟期为9—10月。

生态习性： 适应性较强，生长速度快。

应用价值： 栽培供观赏，亦可入药。

小 知 识： 合欢的花十分特别，花丝很长，远看就像毛茸茸的一团“绒球”，得名“绒花树”。合欢的叶子受到光线刺激，白天开展、夜晚合拢，故有“合欢”一名。

图片来源：（左）周乐洋、（右）何彦

12 槐（豆科　槐属）

Styphnolobium japonicum (L.) Schott

别　　名： 国槐。

校园分布： 研究生楼北侧。

形态特征： 落叶乔木，株高可达25米，树冠开展。树皮为暗灰色；枝叶密生，当年生枝为绿色。羽状复叶，小叶为7～15对，卵状长圆形或卵状披针形，上面为深绿色，下面为灰白色。圆锥花序顶生，花蝶形，浅黄绿色。荚果呈串珠状，肉质，黄绿色。花期为8月，果熟期为10—11月。

生态习性： 喜光，稍耐阴，耐寒，适应各种土壤。

应用价值： 栽培供观赏，行道树、庭荫树，厂矿区良好绿化树种。

小 知 识：《周礼》中提及“面三槐，三公位焉”，后有“三槐九棘”指代三公九卿的说法，故槐树是三公宰辅之位的象征。

图片来源：孙雨婷

13 杜英（杜英科　杜英属）

Elaeocarpus decipiens Hemsl.

别　　名： 假杨梅。

校园分布： 鲁华生态园。

形态特征： 常绿乔木，株高可达15米。幼枝有微毛，旋脱落。叶革质，披针形或倒披针形。总状花序生于叶腋及无叶老枝上；花序轴细，有微毛；花为白色，萼片呈披针形；花瓣呈倒卵形，与萼片等长，上半部撕裂，裂片为14～16条。核果呈椭圆形，外果皮无毛，内果皮骨质，有多数沟纹。花期为6月下旬—7月上旬。果熟期为8月中下旬。

生态习性： 喜温暖湿润气候，喜光，稍耐阴，耐寒性较差。

应用价值： 栽培供观赏，可作为庭荫树和行道树，抗污染能力强，亦可作为厂区绿化树种。

小 知 识： 杜英与杨梅相似，故称假杨梅，但杜英的叶片在掉落前变成正红色，故偶有红叶出现，是其显著的特征。

图片来源：（上）何彦、（下）沈辉

14 枫杨（胡桃科　枫杨属）

Pterocarya stenoptera C. DC.

校园分布： 乒乓球馆两侧、晨园南侧、实验五楼南侧等。

形态特征： 落叶乔木，株高可达30米，树冠开展。幼树树皮平滑，浅灰色，老时深纵裂。偶数或稀奇数羽状复叶，叶轴具窄翅；小叶无柄，长椭圆形或长椭圆状披针形，先端短尖，基部呈楔形至圆形，具内弯细锯齿。果实呈长椭圆形，基部常有宿存的星芒状毛；果翅狭，条形或阔条形，具近于平行的脉。花期为4月初，果熟期为8—9月。

生态习性： 喜光，萌蘖性强，生长速度快，耐水湿。

应用价值： 栽培供观赏，滨水绿化的优良树种，树皮和枝皮含鞣质，可提取栲胶或作为纤维原料。

小 知 识： 枫杨名字的由来与它的特征有关，其中“枫”字是因为它的果实与槭（枫）树的相似，都是翅果；“杨”字是因为枫杨的枝叶下垂与杨柳相似，得名“枫杨”。此外，其拉丁名中的属名的命名也具有异曲同工的意味，*Pterocarya* 意为“有翅的胡桃”。

图片来源：（左）宋佳、（右）万孟玲

15 梧桐（锦葵科　梧桐属）

Firmiana simplex (L.) W. Wight

别　　名： 中国梧桐、青桐。

校园分布： 七教东侧、三教南侧、实验五楼西侧、实验十一楼南侧、室外足球场北侧等。

形态特征： 落叶乔木，株高可达16米，树冠呈广卵形。树皮为青绿色而平滑。叶子呈心形，掌状分裂，裂片为三角形，先端逐渐尖细。圆锥花序顶生，花朵为淡黄色，萼片呈线形，向外卷曲。蓇葖果为膜质，种子呈球形，表面皱纹明显。花期为7月，果熟期为8—9月。

生态习性： 喜光，不耐寒，喜肥沃湿润的沙质土壤。

应用价值： 栽培供观赏，中国的传统树种。

小 知 识： 梧桐自古被认为是"高贵""吉祥"的象征，如常有"凤栖梧桐"一说。

图片来源：（左）余辰雯、（右）崔履康

16 德州栎（壳斗科　栎属）

Quercus texana Buckley

别　　名： 娜塔栎。

校园分布： 晨园一楼庭院、梅陇港旁绿地。

形态特征： 落叶大乔木，株高可达20～28米，树冠呈宽锥形。枝角较大，大枝平展略有下垂。叶具5～7深裂；叶顶部呈硬齿状，叶面为深绿色，背面为暗绿色，有丛生毛。种子呈卵形，带有深色的被鳞壳斗。秋色叶为红色或暗红色，色叶期为11—12月。

生态习性： 适应性强，极耐水湿。

应用价值： 栽培供观赏，优良的秋色叶树种。

图片来源：（左上）孙雨婷、（右上）冯璐、（下）孙雨婷

17 喜树（蓝果树科　喜树属）

Camptotheca acuminata Decne

校园分布： 办公大楼南侧绿地。

形态特征： 落叶乔木，株高可达20米，主干直立，分支点高。树皮为灰色或浅灰色，浅纵裂。叶互生，纸质，矩圆状卵形，顶端短锐尖，全缘。头状花序近球形，常由2～9个头状花序组成圆锥花序，顶生或腋生，通常雌花序在上，雄花序在下，花瓣为5枚，淡绿色。翅果呈矩圆形，两侧具窄翅。花期为5—7月，果熟期为9月。

生态习性： 不耐严寒干燥，较耐水湿，稍耐盐碱。

应用价值： 栽培供观赏，可作为行道树和庭园树，枝叶含喜树碱，可入药。

图片来源：（上）孙雨婷、（左下）孙雨婷、（右下）汪远

18 楝（楝科　楝属）

Melia azedarach L.

别　　名： 苦楝。

校园分布： 第六教学楼（以下简称六教）北侧、淋浴房南侧、十七舍东侧。

形态特征： 落叶乔木，株高可达20米，树干挺拔，树冠开展。小枝粗壮，皮孔明显。二至三回奇数羽状复叶，小叶呈卵形、椭圆形或披针形，先端渐尖，基部呈楔形或圆形，具钝齿。花芳香，淡紫色。核果呈球形或椭圆形。花期为4月底—5月初，果熟期为10—11月。

生态习性： 喜温暖湿润气候，耐寒，耐碱，耐瘠薄，适应性较强。

应用价值： 栽培供观赏，亦可作为家具材料、建筑材料，果核仁油可作为制作油漆、润滑油和肥皂的材料。

图片来源：（左）孙雨婷、（右）侯觉

19 香椿（楝科 香椿属）

Toona sinensis (Juss.) Roem.

校园分布： 校车停车场附近。

形态特征： 落叶乔木，株高可达25米，树冠呈圆柱形，主干直立，分支点高。树皮浅纵裂，片状剥落。偶数羽状复叶，小叶为16～20对，卵状披针形或卵状长圆形，全缘或疏生细齿，两面无毛，下面常为粉绿色，侧脉为18～24对。聚伞圆锥花序，疏被锈色柔毛或近无毛；花萼5齿裂或浅波状，被柔毛；花瓣为白色，长圆形，花盘无毛，近念珠状。蒴果呈窄椭圆形，长为2～3.5厘米，深褐色，具苍白色小皮孔；种子上端具膜质长翅。花期为6—7月，果熟期为10—11月。

生态习性： 喜光，喜温，较耐水湿。

应用价值： 栽培供观赏，嫩芽可食用。

小 知 识：《庄子•逍遥游》中描述“上古有大椿，以八千岁为春，以八千岁为秋”，因此香椿曾被视为长寿的象征。

图片来源：孙雨婷

20 罗汉松（罗汉松科　罗汉松属）

Podocarpus macrophyllus (Thunb.) Sweet

校园分布： 七教东侧、第一教学楼（以下简称一教）北侧、鲁华生态园等。

形态特征： 常绿乔木，株高可达20米，分支点低，有时呈灌木状。树皮为深灰色，鳞片状开裂，枝条稠密。叶螺旋状着生，革质，条状披针形，微弯，先端尖，上面为深绿色，有光泽，中脉显著隆起，下面为白色、灰绿色或淡绿色。雄球花呈穗状，腋生；雌球花单生于叶腋，有梗。种子呈卵圆形或近球形，成熟时假种皮为紫黑色，被白粉，肉质种托呈柱状椭圆形，红色或紫红色，长于种子。花期为4—5月，果熟期为10—11月。

生态习性： 喜光，稍耐阴，不耐严寒，喜温暖湿润气候和肥沃沙质土壤，寿命长。

应用价值： 栽培供观赏，可作为造型树种，亦可作为盆景。

小 知 识： 罗汉松因种子与紫红色种托仿佛一位身着袈裟的罗汉而得名。

图片来源：孙雨婷

21 荷花木兰（木兰科　北美木兰属）

Magnolia grandiflora L.

别　　名： 广玉兰。

校园分布： 广布。

形态特征： 常绿乔木，株高可达30米，树冠呈圆锥形。树皮为淡褐色或灰色，薄鳞片状开裂。小枝粗壮，具横隔的髓心。叶厚革质，长圆状椭圆形或倒卵状椭圆形；叶面为深绿色，有光泽，具深沟，背被锈色。花瓣为白色，花被片为9～12枚，厚肉质，倒卵形，芳香。聚合果，密被褐色或淡灰黄色绒毛，外种皮为红色，内种皮为黑色。花期为5—6月。果熟期为10月。

生态习性： 喜光，稍耐阴，喜温暖湿润气候，对土壤要求不严。

应用价值： 栽培供观赏，花可提取芳香浸膏。

图片来源：（上）何彦、（下）孙雨婷

22 二乔玉兰（木兰科　玉兰属）

Yulania × *soulangeana* (Soul.-Bod.) D. L. Fu

校园分布： 实验七楼南侧、十七舍南侧、实验三楼北侧等。

形态特征： 落叶小乔木，株高为6～10米。叶片互生，倒卵形或宽倒卵形，先端宽圆。花先叶或花叶同放，呈浅红色至深红色；花被片为6～9枚，大小形状不等。聚合果，成熟时黑色。花期为3月。

生态习性： 喜光，喜排水良好、疏松的土壤，忌积水。

应用价值： 栽培供观赏，花叶可提取芳香浸膏。

小 知 识： 二乔玉兰作为紫玉兰与白玉兰的杂交种，兼具了两者的特性，例如花瓣两面颜色不同，树型介于紫玉兰和白玉兰之间，可先开花后长叶（白玉兰特性），也可花叶同放（紫玉兰特性）。

图片来源：（左）孙雨婷、（右上）龚燕、（右下）孙雨婷

23 红运玉兰（木兰科　玉兰属）

Yulania × *soulangeana* 'Hongyun'

校园分布： 逸夫楼西侧。

形态特征： 落叶小乔木，株高可达4米以上。树皮为灰褐色，小枝为绿紫色或淡褐紫色。叶片呈椭圆状倒卵形或倒卵形，侧脉干时两面网脉凸起，叶柄被柔毛。花朵单生枝顶，花先叶开放，花瓣由外到里是由紫红色、深红色、淡红色到白色。聚合果为深紫褐色。花期为3—4月。

生态习性： 喜光，喜温暖湿润气候，较耐寒，不耐水湿。

应用价值： 栽培供观赏，优良的早春观花树种。

图片来源：（左）孙雨婷、（右上）孙雨婷、（右下）汪远

24 玉兰（木兰科　玉兰属）

Yulania denudata (Desr.) D. L. Fu

别　　名： 白玉兰。

校园分布： 七教东侧、一教南侧等。

形态特征： 落叶乔木，株高可达15～20米，树冠呈圆锥形或长椭圆形。树皮为灰色，粗糙不平。叶呈宽卵形，纸质，上面为深绿色，下面为淡绿色，网脉明显。花先叶开放，直立，芳香；花被片为9枚，白色。聚合果呈圆柱形，蓇葖果为厚木质，先变为粉红色，成熟时是褐色。花期为2—3月，红果期为8—9月。

生态习性： 适应力强，较耐旱，生长缓慢。

应用价值： 栽培供观赏。

小 知 识： 玉兰是上海市市花。

图片来源：（左）周天懿、（右上）孙雨婷、（右下）王瑞寅

25 木樨（木樨科　木樨属）

Osmanthus fragrans (Thunb.) Lour.

别　　名： 桂花。

校园分布： 广布。

形态特征： 常绿乔木或灌木，株高可达12米。树皮为灰褐色。叶革质，长椭圆形，先端渐尖，全缘或上半部具细锯齿，中脉上面凹入，下面凸起。聚伞花序簇生于叶腋，花极芳香，花冠为黄白色、淡黄色、黄色或橘红色。果歪斜，椭圆形，紫黑色。花期为9—10月，果熟期为翌年3—4月。

生态习性： 喜光，耐半阴，喜温暖湿润气候，抗逆性强。

应用价值： 栽培供观赏，花可食用和提取精油。

小 知 识： 校园内有金桂、四季桂、丹桂等品种。

图片来源：（左上）梁志沅、（右上）马靖、（左下）孙雨婷、（右下）汪洋

乔木

26 女贞（木樨科　女贞属）

Ligustrum lucidum W. T. Aiton

校园分布： 广布。

形态特征： 常绿乔木，株高可达15米，树冠呈椭圆形。树皮为灰色、平滑。叶呈宽卵形，革质，先端锐尖至渐尖或钝，上面光亮，两面无毛。花两性，圆锥花序顶生，白色。浆果呈长椭圆形，蓝黑色，被白粉。花期为6月，果熟期为11—12月。

生态习性： 喜光，耐阴，喜温暖湿润气候，耐寒，耐水湿，耐瘠薄。

应用价值： 栽培供观赏，可作为行道树、背景林等。

图片来源：龚燕

27 南酸枣（漆树科　南酸枣属）

Choerospondias axillaris (Roxb.) B. L. Burtt & A. W. Hill)

校园分布： 材料科学与工程学院西侧。

形态特征： 落叶乔木，株高可达8～20米，树干直立挺拔，树冠呈椭圆形。树皮为灰褐色，片状剥落；小枝为暗紫褐色，具皮孔。叶对生，奇数羽状复叶，小叶为3～6对，卵形或卵状披针形。花单性或杂性异株，花较小，花瓣为5枚，长圆形。花为淡紫红色，排列成聚伞状。果实呈黄色的椭圆形或倒卵形，果皮是肉质浆状，形似大枣而味酸。果熟期为9—10月。

生态习性： 喜光，喜湿润环境，不耐涝。

应用价值： 栽培供观赏，果实可食用，亦可入药。

图片来源：冯璐

28 宫粉梅（蔷薇科 李属）

Prunus mume 'Gongfen'

校园分布： 研究生楼北侧绿地。

形态特征： 落叶乔木，株高可达10米。树干为褐紫色，有纵驳纹，小枝细而无毛，多为绿色。叶呈广卵形至卵形，先端渐长尖或尾尖，基部呈广楔形或近圆形，锯齿细尖，仅叶背脉上有毛。花呈碟形，在冬季或早春叶前开放；花为复瓣至重瓣，或深或浅的红色。果实为球形，黄绿色。花期为2月。

生态习性： 喜温暖略湿润气候，有一定的耐寒性。

应用价值： 栽培供观赏。

小 知 识： 据现有分类体系，梅花分类的第一级标准为枝条姿态，第二级标准一般为花型，第三级标准为花朵或萼片颜色。“宫粉”为其中一种主要代表类型，花多为粉色。

图片来源：（左）王瑞寅、（右上）梁志沅、（右下）陈梓煜

29 江梅（蔷薇科　李属）

Prunus mume 'Jiang Mei'

别　　名： 野梅。

校园分布： 七教东侧。

形态特征： 落叶小乔木，稀灌木，株高可达4～10米。树干为褐紫色，有纵驳纹，小枝细而无毛，多为绿色。叶呈卵形或椭圆形，先端尾尖，叶边常具小锐锯齿，灰绿色。花呈碟形，单生或有时2朵同生于1芽内，香味浓，花先叶开放；花瓣呈倒卵形，白色至粉红色。果实近球形，黄色或绿白色，味酸。花期为2月，果熟期为6月。

生态习性： 喜温暖湿润气候，较耐瘠薄，耐寒性强。

应用价值： 栽培供观赏，优良的冬春观花树种。

图片来源：汪远

30 美人梅（蔷薇科　李属）

Prunus × *blireana* 'Meiren'

校园分布：研究生楼北侧绿地。

形态特征：落叶小乔木，株高可达10米。叶互生，广卵形或卵形，紫红色。花为粉红色或淡紫红色，花心颜色较深，半重瓣或重瓣，花叶同放或花先叶开放，繁密有香味。花期为3月。

生态习性：耐寒性较强，冬季能耐–30℃的低温，耐轻度盐碱，忌积水。

应用价值：栽培供观赏，且全年可观赏，景观效果好。

小 知 识：美人梅由紫叶李与红梅杂交而来。

图片来源：（左）周天懿、（右）冯璐

31 染井吉野樱（蔷薇科　李属）

Prunus × *yedoensis* 'Somei-yoshino'

别　　名： 东京樱花。

校园分布： 办公大楼前、商学院教学楼旁、一教西侧绿地、图书馆庭院等。

形态特征： 落叶乔木，株高可达15米，树冠开展。树皮为暗灰色，平滑有光泽，有横向皮孔。叶呈椭圆状卵形，尖锐重锯齿；上面为深绿色，无毛，下面为淡绿色，沿脉被稀疏柔毛。伞形总状花序，3～4朵为一组，花先叶开放；单瓣花，雨伞状，花瓣一般为5枚，初开为淡粉色，全开为白色，椭圆卵形，先端下凹，全缘2裂。核果近球形，黑色。花期为3月中下旬—4月上旬，果熟期为5月。

生态习性： 喜光，喜温暖温润气候，耐寒，耐旱，不耐盐碱，不耐阴。

应用价值： 栽培供观赏，重要的春季观花树种。

图片来源：（上）孙雨婷、（左下）梁志沅、（右下）龚燕

32 日本晚樱（蔷薇科　李属）

Prunus serrulata var. lannesiana (Carrière) Makino

校园分布： 广布。

形态特征： 落叶乔木，株高可达10米，树冠呈伞状椭圆形。树皮为浅灰色，平滑有光泽，有横向皮孔。叶呈倒卵形或椭圆形，先端长尾状渐尖，边缘有长芒状重锯齿。伞房花序总状或近伞形，有2～3朵花，具香味；花瓣为粉红色或白色，倒卵形，先端下凹。花期为3—5月，果熟期为5—6月。

生态习性： 喜光，耐半阴，耐寒，喜湿润土壤，不耐盐碱。

应用价值： 栽培供观赏，重要的春季观花树种。

图片来源：（上）孙雨婷、（左下）孙雨婷、（右下）冯璐

33 桃（蔷薇科　李属）

Prunus persica L.

校园分布： 十一舍东侧。

形态特征： 落叶小乔木，株高可达3～8米，树冠开展。树干为灰褐色，粗糙有孔，老时粗糙呈鳞片状，小枝为红褐色或褐绿色，平滑。叶呈椭圆状披针形，叶缘有粗锯齿。花单生，花瓣为粉红色、5枚，萼片为5枚，几无花梗，花先叶开放。果实呈扁圆形，成熟时为红色或黄色，核果近圆形，黄绿色。花期为3—4月，果熟期为7—8月。

生态习性： 喜光，耐旱，耐寒，忌涝。

应用价值： 栽培供观赏，果实可食用。

小 知 识：《诗经》中有“桃之夭夭，灼灼其华”的描述，常用于比喻女子的美艳。桃也象征长寿，老人过生日时常用寿桃祝福。桃木则寓意吉祥平安，民间多用于辟邪。

图片来源：（左）孙雨婷、（右上）冯璐、（右下）孙雨婷

34 杏（蔷薇科　李属）

Prunus armeniaca L.

校园分布： 六教南侧。

形态特征： 落叶乔木，株高可达5～8米。树皮为灰褐色，纵裂，多年生枝为浅褐色，皮孔大而横生，一年生枝为浅红褐色，有光泽，具小皮孔。叶似椭圆形，先端短尖，叶面无毛或仅背面有簇毛。花单生，花先叶开放，花梗短。花萼为紫绿色，花后翻卷；花瓣为白色或淡粉红色，具短爪。果实近球形，果皮为黄色、白色或红色，皮上有细柔毛，果肉为黄色或乳白色；果核平滑。花期为3月，果熟期为6月。

生态习性： 喜光，耐寒，抗风，耐旱，不耐涝，适应性强。

应用价值： 栽培供观赏，亦可食用、药用。

图片来源：（左）孙雨婷、（右上）冯璐、（右下）孙雨婷

35 樱桃（蔷薇科　李属）

Prunus pseudocerasus Lindl.

校园分布： 读书林。

形态特征： 落叶小乔木或灌木，株高可达8米。树皮为红褐色。叶呈卵形或长圆状倒卵形，先端渐尖或尾尖，基部呈圆形，有尖锐重锯齿。3～6朵花排成伞房状或近伞形花序，花先叶开放；花瓣为白色，卵形，先端下凹或2裂。核果近球形，成熟时为红色。花期为3月初，果熟期为5月。

生态习性： 喜光，喜温，喜湿，喜肥。

应用价值： 栽培供观赏，可观花、观果，果实可食用。

图片来源：汪远

36 紫叶李（蔷薇科　李属）

Prunus cerasifera 'Atropurpurea'

别　　名： 红叶李。

校园分布： 广布。

形态特征： 落叶乔木，株高可达8米。树多分枝，小枝为暗红色。叶呈椭圆形、卵形和倒卵形，先端尖锐，紫红色。花多为1朵，偶有2朵；花瓣为粉白色，长圆形。核果近球形，有红色、黑色和黄色，微覆蜡粉。花期为4月，果熟期为6月。色叶期为3—12月。

生态习性： 喜光，喜温暖湿润气候，忌积水，对土壤适应性强。

应用价值： 栽培供观赏，可观花、观叶，果实可食用。

图片来源：（左）梁志沅、（右）孙雨婷

37 紫叶桃（蔷薇科　李属）

Prunus persica 'Zi Ye'

别　　名：紫叶碧桃、红叶碧桃。

校园分布：信息科学与工程学院东北侧。

形态特征：落叶乔木，株高可达3～8米。叶为紫色，长圆状披针形、椭圆状披针形或倒卵状披针形，先端渐尖，基部呈宽楔形，叶边具细锯齿或粗锯齿，齿端具腺体或无腺体；叶柄粗壮。花单生，花先叶开放，花梗极短或几无梗，单瓣或重瓣，红色。果实近球形，表面有茸毛，肉质可食。花期为3—4月。新叶为紫红色，5—6月逐渐变为绿色。果熟期为8月，不久脱落。

生态习性：喜光，喜温暖，稍耐寒。

应用价值：栽培供观赏，可观花、观叶。

图片来源：冯璐

38 枇杷（蔷薇科　枇杷属）

Eriobotrya japonica (Thunb.) Lindl.

校园分布： 励志公寓南侧、五舍南侧、二十舍北侧等。

形态特征： 常绿乔木，株高可达6～10米，树冠呈宽卵形。叶革质，披针形或椭圆形，先端急尖或渐尖，上部边缘具疏锯齿，上面多皱，下面密被灰棕色绒毛。花多数组成圆锥花序，白色。果实呈球形或长圆形，多为橙色，肉软多汁液，外皮有绒毛。花期为11—12月，果熟期为翌年6月。

生态习性： 喜光，耐半阴，喜温暖湿润气候，喜酸性肥沃土壤，稍耐盐碱。

应用价值： 栽培供观赏，可观花、观果，果实可食用。

图片来源：（上）龚燕、（下）孙雨婷

39 垂丝海棠（蔷薇科　苹果属）

Malus halliana Koehne

校园分布： 广布。

形态特征： 落叶乔木，株高可达5米，树冠呈扁圆形。小枝细弱，圆柱形。叶呈卵圆形，边缘细密锯齿状，沿脉有时被短柔毛，上面有光泽，常带紫晕。伞房花序，4～6朵为一组；花梗细弱，下垂，紫色，有稀疏柔毛；花瓣常为5枚以上，粉红色，倒卵形，基部有短爪。果实呈梨形或倒卵圆形，稍带紫色。花期为3—4月，果熟期为10—11月。

生态习性： 喜光，耐半阴，不耐低温，忌涝。夏天落叶后，秋天有二次开花现象。

应用价值： 栽培供观赏，成片种植时观赏效果强。

图片来源：（左）孙雨婷、（右上）张轶然、（右中）龚燕、（右下）孙雨婷

40 山荆子（蔷薇科　苹果属）

Malus baccata (L.) Borkh.

校园分布： 青春桥旁。

形态特征： 落叶小乔木，株高可达10～14米。小枝细弱无毛，老枝为暗褐色。叶呈卵圆形或卵形，先端渐尖，边缘有细锯齿。4～6朵花组成伞房花序；花梗细长，绿色；花瓣为白色，倒卵形。果近球形，红色或黄色。花期为4—6月，果熟期为9—10月。

生态习性： 喜光，耐寒性极强，耐瘠薄，深根性，寿命长。

应用价值： 栽培供观赏，亦可作为苹果、海棠果等的嫁接砧木。

图片来源：（左上）龚燕、（左下）冯璐、（右）孙雨婷

41 石楠（蔷薇科　石楠属）

Photinia serratifolia (Desf.) Kalkman

校园分布： 七教南侧、一教北侧等。

形态特征： 常绿小乔木或灌木，株高可达6米。树枝为褐灰色。叶片革质，长椭圆形或倒卵形，先端尖，边缘有细齿，近基部全缘，有明显中脉。复伞房花序顶生，花密生，花瓣为白色。果实呈球形，先为红色后变为褐紫色。花期为4月，果熟期为11—12月。

生态习性： 喜温暖湿润气候，喜光，稍耐阴，可短期耐寒。

应用价值： 栽培供观赏，亦可入药。

小 知 识： 石楠花具有浓郁气味，不宜大面积集中种植。

图片来源：汪远

42 构（桑科　构属）

Broussonetia papyrifera (L.) L'Hér. ex Vent.

别　　名： 构树。

校园分布： 广布。

形态特征： 落叶乔木，株高可达16米，树冠开展。小枝密被灰色粗毛。叶呈卵形至广卵形，先端渐尖，不分裂或3～5裂，三出脉，上面粗糙。花雌雄异株，雄花呈柔荑花序，雌花呈球形头状。聚花呈果球形，成熟时为橙红肉质。花期为4—5月，果熟期为8—9月。

生态习性： 根系较浅，侧根发达，萌蘖性强，生长迅速，适应能力极强。

应用价值： 栽培供观赏，可用作工矿区及荒山的绿化、防护林材料。

小 知 识： 我国西双版纳傣族除了贝叶文化之外，还有一套土法造纸技术，以构树皮为原材料造纸，俗称“构皮纸”。南传上座部佛教的大量佛经就是使用构皮纸抄写的。

图片来源：杨滨宇

43 桑（桑科　桑属）

Morus alba L.

别　　名： 桑树。

校园分布： 十八舍西侧、科辅二楼北侧等。

形态特征： 落叶乔木或灌木，株高可达15米，树冠开展。树体富含乳浆，树皮为黄褐色。叶呈卵形或宽卵形，先端尖或渐短尖，基部呈圆形或微心形，锯齿粗钝，有时缺裂。花雌雄异株，雄花序下垂，密被白色柔毛，雄花的花被为椭圆形，淡绿色。聚花果呈卵状椭圆形，红色至暗紫色。花期为4—5月，果熟期为5—7月。

生态习性： 喜温暖湿润气候，耐旱，耐瘠薄。

应用价值： 栽培供观赏，桑葚可食用，桑叶可作为养蚕的主要饲料。

图片来源：（左上）孙雨婷、（右上）汪远、（下）汪远

44 油柿（柿科　柿属）

Diospyros oleifera Cheng

校园分布： 第四教学楼（以下简称四教）北侧、二教南侧。

形态特征： 落叶乔木，株高可达14米，树冠呈椭圆形。树皮为深灰色或灰褐色，片状剥落，露出白色的内皮。叶片纸质，长圆形、倒卵形或椭圆形，两面有褐色柔毛，叶边稍背卷，表面为深绿色，背面为绿色。花雌雄异株或杂性，雄花的聚伞花序生于当年生枝下部，腋生，单生，每花序有3～5朵花，或者更多。花期为4—5月，果熟期为8—10月。

生态习性： 喜温暖湿润气候，抗逆性强，具有很强的适应性。

应用价值： 栽培供观赏，亦可作为柿树的砧木。

图片来源：冯璐

45 枣（鼠李科　枣属）

Ziziphus jujuba (L.) Lam.

校园分布： 鲁华生态园。

形态特征： 落叶小乔木，稀灌木，株高可达10米。树皮为褐色或灰褐色，小枝为之字形，具2个托叶刺。叶纸质，卵形或卵状椭圆形，基脉三出，基部稍不对称，具圆齿状锯齿。花为黄绿色，两性。核果呈矩圆形或长卵圆形，成熟时为红色。花期为5—7月，果熟期为8—9月。

生态习性： 喜光，耐旱，耐瘠薄，耐盐碱，怕风。

应用价值： 栽培供观赏，果实可食用。

图片来源：冯璐

46 黑松（松科　松属）

Pinus thunbergia Parl.

别　　名： 白芽松。

校园分布： 大草坪两侧、办公大楼南侧等。

形态特征： 常绿乔木，株高可达30米，树冠呈宽锥形。幼树的树皮为暗灰色，老树的树皮则为灰黑色，粗厚，裂成块片剥落。针叶2针一束，粗硬，深绿色，有光泽。花单性，雌雄同株，雄球花为淡红褐色，聚生于新枝下部；雌球花为淡紫红色或淡褐红色，生于新枝近顶端。果实成熟前为绿色，成熟时为褐色。花期为4月，果熟期为翌年10月，球果开裂。

生态习性： 耐旱，耐瘠薄，耐海雾和海风，寿命长。

应用价值： 栽培供观赏，亦可提取树脂、造纸和提炼精油。

图片来源：(左）马靖、(右）孙雨婷

47 雪松（松科　雪松属）

Cedrus deodara (Roxb. ex D. Don) G. Don

校园分布： 广布。

形态特征： 常绿乔木，株高可达50米以上，树冠呈宽锥形。大枝平展，小枝轻微下垂，树皮为深灰色，裂成不规则的鳞片状。叶为针状，坚硬，呈灰绿色或银灰色。雄花呈长卵圆形或椭圆状卵形，雌花呈卵圆形。球果呈椭圆状卵形，未成熟时为淡绿色，微覆白粉，成熟后为赤褐色。花期为11月，果熟期为翌年10月。

生态习性： 喜光，稍耐阴，喜温和凉润气候，喜土层深厚、排水良好的酸性土壤。

应用价值： 栽培供观赏，可作为背景树种，亦可孤植或作为行道树等。

图片来源：（左）冯璐、（右）孙雨婷

48 苏铁（苏铁科　苏铁属）

Cycas revoluta Thunb.

别　　名： 铁树。

校园分布： 实验一楼、信息科学与工程学院、商学院、办公大楼门口等。

形态特征： 常绿乔木，株高可达2～5米。树干呈圆柱状，上有明显螺旋状排列的菱形叶柄残痕。叶厚革质，羽叶条形，一回羽裂，中脉隆起；叶片下面为浅绿色，疏被柔毛。大孢子叶密被灰黄绒毛，小孢子叶呈窄楔形。雄球花呈圆柱形，有短梗。种子为红褐色或橘红色，倒卵形或卵圆形。花期为6—7月，果熟期为11—12月。

生态习性： 喜温暖湿润气候，喜光，喜铁元素，稍耐半阴，不耐寒，生长缓慢，寿命长。

应用价值： 栽培供观赏，常用于盆栽。

图片来源：（上）冯璐、（下）竺玥

49 红千层（桃金娘科　红千层属）

Callistemon rigidus R. Br.

别　　名： 瓶刷子树。

校园分布： 励志公寓南侧。

形态特征： 常绿小乔木，株高可达6～7米。树皮为灰褐色，嫩枝有棱。叶片革质，线形，具油腺点，中脉两面突起，叶柄短。穗状花序顶生，花瓣为绿色，卵形，雄蕊为鲜红色。蒴果呈半球形。花期为6—8月。

生态习性： 喜温暖湿润气候，耐酷暑，较耐寒。

应用价值： 栽培供观赏，可提取香料。

图片来源：冯璐

50 白杜（卫矛科　卫矛属）

Euonymus maackii Rupr.

别　　名： 丝棉木、明开夜合。

校园分布： 团结一楼南侧绿地、实验十三楼西南侧。

形态特征： 落叶乔木，株高可达6米。小枝呈圆柱形。叶对生，卵状椭圆形、卵圆形或窄椭圆形，先端长渐尖，边缘具细锯齿，有时深而锐利。聚伞花序，有3至多花；花4数，淡白绿色或黄绿色。蒴果呈倒圆心形，4浅裂，熟时为粉红色。种子为棕黄色，长椭圆形，假种皮为橙红色，全包种子。花期为5—6月，果熟期为9月。

生态习性： 喜光，耐半阴，深根性，根萌蘖性强，生长较慢。

应用价值： 栽培供观赏，可作为防护林或工厂绿化树种。

图片来源：冯璐

51 黄山栾树（无患子科　栾属）

Koelreuteria paniculata Laxm.

别　　名： 全缘叶栾树、灯笼树。

校园分布： 大学生服务中心北侧、办公大楼南侧。

形态特征： 落叶乔木，株高可达20米，树冠呈椭圆形。树皮为暗灰色，浅裂。二回羽状复叶，叶对生或互生；小叶为9～17枚，纸质，卵形、阔卵形至卵状披针形，顶端短尖或短渐尖，基部钝至近截形，边缘呈不规则钝锯齿状，齿端具小尖头。圆锥大型花序，花瓣为4枚，呈线状长圆形，开花时向外反折。蒴果呈圆锥形，具3棱，淡紫红色，成熟时为褐色，顶端渐尖，果瓣呈卵形，外面有网纹，内面平滑且略有光泽。花期为8—9月，红果期为9—10月。

生态习性： 喜光，耐半阴，耐寒，耐瘠薄，喜石灰质土壤，不耐积水，总体对环境适应较强。

应用价值： 栽培供观赏，行道树、庭荫树，净化空气，制作黄色染料，制作家具。

小 知 识： 黄山栾树可观花、观果，秋季亦可观叶，是优秀的园林树种。

图片来源：何彦

52 红枫（无患子科　槭属）

Acer palmatum 'Atropurpureum'

别　　名： 紫红鸡爪槭。

校园分布： 广布。

形态特征： 落叶小乔木，株高为2～4米。树冠开张，小枝为紫红色。新叶为红色，有的也常年为红色或紫红色。叶呈爪形，薄纸质，7～9深裂，细锐重锯齿。伞房花序，萼片为暗红色，花瓣为紫色。翅果，两翅开展成钝角。花期为4月，果熟期为9—10月。

生态习性： 喜光，耐阴，忌暴晒，喜温暖湿润气候。

应用价值： 栽培供观赏，适合庭院栽植，亦可作为盆景。

图片来源：陈静

53 鸡爪槭（无患子科 槭属）

Acer palmatum Thunb.

别　　名： 青枫。

校园分布： 广布。

形态特征： 落叶小乔木，株高可达7米。树皮为深灰色，枝条开张，细弱；小枝为紫色或淡紫绿色，老枝为淡灰紫色。叶对生，薄纸质；7～9掌状分裂，裂片呈卵状长椭圆形至披针形，边缘密生尖锯齿。伞房花序，花杂性，萼片为暗红色，花瓣为紫色。翅果，成熟时为黄褐色，两翅开展成钝角。花期为4月，果熟期为9—10月。秋色叶为红色，色叶期为11—12月。

生态习性： 耐半阴，喜温暖，耐寒性强，适应性强，生长较慢。

应用价值： 栽培供观赏，优良的秋色叶树种。

小 知 识： 鸡爪槭与红枫非常相似，可以通过叶色与裂深进行区分。鸡爪槭的叶子一般只在秋天变成红色，而红枫则全年为红色；鸡爪槭的裂深一般为叶片的1/2～1/3，而红枫的裂深往往到基部。

图片来源：冯璐

54 三角槭（无患子科　槭属）

Acer buergerianum Miq.

别　　名： 三角枫。

校园分布： 七教、校医院附近。

形态特征： 落叶乔木，株高可达20米，树冠呈椭圆形。树皮为灰褐色或深褐色，当年生小枝为紫色或紫绿色，多年生枝为淡灰色或灰褐色。叶纸质，椭圆形或倒卵形，3裂或不裂，先端短渐尖，全缘或上部疏生锯齿，幼叶下面及叶柄密被柔毛，下面被白粉，基脉三出。花常为顶生伞房花序，花后叶开放；花瓣为5枚，淡黄色。翅果为黄褐色，两翅开展成锐角，果核凸出。花期为4月，果熟期为9—10月。秋色叶为橙黄色或红色，色叶期为11—12月。

生态习性： 喜温暖湿润气候，稍耐阴，耐寒，耐水湿。

应用价值： 栽培供观赏，可作为行道树、庭荫树等。

图片来源：（左上）袁雨轩、（右上）冯璐、（左下）冯璐、（右下）覃宛鑫

55 无患子（无患子科　无患子属）

Sapindus saponaria L.

别　　名： 洗手果。

校园分布： 实验六楼南侧。

形态特征： 落叶乔木，株高可达20米，树冠开展。树皮为灰褐色或黑褐色。叶薄纸质，偶数羽状复叶，长椭圆状披针形或稍镰形，基部呈楔形。圆锥花序顶生，花小，单性，两侧对称，淡黄色，有清香。果实近球形，橙黄色。花期为6月，果熟期为11月。秋色叶为黄色，色叶期为11—12月。

生态习性： 喜温暖湿润气候，喜光，耐寒，耐旱。

应用价值： 栽培供观赏，果皮可用于生产洗涤用品。

图片来源：冯璐

56 二球悬铃木（悬铃木科 悬铃木属）

Platanus acerifolia (Aiton) Willd.

别　　名： 英国梧桐。

校园分布： 广布于校园道路两侧。

形态特征： 落叶乔木，株高可达35米，树冠呈椭圆形。树皮不规则片状剥落，剥落后为粉绿色，光滑。单叶互生，叶片呈宽卵形，3～5掌状分裂。球形花序，单性，雌雄同株。聚花果，球形果序，常2个串生，下垂。花期为4月上中旬，果熟期为10—11月。4月初球果飞散。

生态习性： 喜光，耐寒，耐旱，耐水湿，适应各种土壤。

应用价值： 栽培供观赏，常列植用作行道树。

小 知 识： 二球悬铃木是一球悬铃木（美国梧桐）和三球悬铃木（法国梧桐）的杂交品种，因为在英国被杂交成功，因此被称为“英国梧桐”。

图片来源：（上）周天懿、（下）余辰雯

57 垂柳（杨柳科　柳属）

Salix babylonica L.

校园分布： 体育馆旁。

形态特征： 落叶乔木，株高可达12～18米。树皮为灰黑色，枝细软，下垂。叶呈狭披针形至线状披针形，先端长渐尖，基部呈楔形，上面为绿色，下面为浅绿色。雌雄异株，柔荑花序，花先叶开放，或花叶同放。蒴果为黄绿色。花期为3月，果熟期为4月中下旬，柳絮飞扬。

生态习性： 喜光，耐水湿，耐旱。

应用价值： 栽培供观赏，可植于水边，亦可制作家具，枝条可编筐。

图片来源：（左）孙雨婷、（右）汪远

58 重阳木（叶下珠科　秋枫属）

Bischofia polycarpa (H. Lév.) Airy Shaw

校园分布： 一教北侧、实验二楼东北侧、实验四楼北侧。

形态特征： 落叶乔木，株高可达15米，树冠呈宽椭圆形。树皮为棕褐色或黑褐色。三出复叶，小叶纸质，卵形或椭圆状卵形，先端渐尖，叶边缘具细齿。花雌雄异株，花叶同放，总状花序，下垂。果实呈球形，浆果状，成熟时为褐红色或蓝黑色。花期为4月，果熟期为10—11月。秋色叶为褐红色，色叶期为11—12月。

生态习性： 喜光，稍耐阴，不耐寒，较耐水湿，抗风，抗有毒气体，适应性强，生长快速。

应用价值： 栽培供观赏，亦可入药。

图片来源：（左）何彦、（右上）汪远、（右下）孙雨婷

59 银杏（银杏科　银杏属）

Ginkgo biloba L.

别　　名： 公孙树、白果。

校园分布： 办公大楼北侧、鲁华生态园等。

形态特征： 落叶乔木，株高可达40米，树冠呈锥形。树皮为灰褐色，深纵裂。枝有长枝和短枝。叶片呈扇形，有长柄，淡绿色，无毛。花为单性，簇生状，雄球花为淡黄色，雌球花为淡绿色。种子近球形，黄色，表面被白粉。花期为4月，果熟期为9—10月。秋色叶为黄色，色叶期为11—12月。

生态习性： 喜光，喜温，耐寒，适应性强，早期生长缓慢，寿命极长。

应用价值： 栽培供观赏，重要的秋色叶树种，果实可食用及药用。

小 知 识： 银杏树生长较慢，寿命极长，自然条件下从栽种到结果要20多年，40年后才能大量结果，因此它又被称作“公孙树”，有“公种而孙得食”的含义。

图片来源：(左)张译、(右)周天懿

60 大叶榉树（榆科　榉属）

Zelkova schneideriana Hand.-Mazz.

别　　名： 血榉。

校园分布： 实验四楼南侧。

形态特征： 落叶乔木，株高可达35米。树皮为灰褐色至深灰色，不规则片状剥落。叶厚纸质，大小形状各不一；叶片呈卵形至卵圆状披针形，边缘有桃形锯齿，秋天变为红褐色。核果几无梗，斜卵状圆锥形，上面偏斜，凹陷。花期为4月，果熟期为9—11月。

生态习性： 喜光，喜湿润肥沃土壤，耐轻度盐碱。

应用价值： 栽培供观赏，亦可作为木材，老树木材常带红色，故称“血榉”。

小 知 识： “硬石种榉”和“应试中举”同音，所以古代很多人会在家门口石头旁种榉树，象征祥瑞。

图片来源：孙雨婷

61 榔榆（榆科　榆属）

Ulmus parvifolia Jacq.

别　　名： 小叶榆。

校园分布： 档案馆东侧绿地、大礼堂南侧等。

形态特征： 落叶乔木，株高可达25米，树冠呈椭圆形。树皮为灰色或灰褐色，不规则鳞状薄片剥落，内皮为红褐色。叶呈披针状卵形或窄椭圆形，上面中脉凹陷处疏被柔毛。3～6朵花成簇状聚伞花序；花被片为4枚，深裂近基部，常脱落或残留。翅果呈椭圆形或卵状椭圆形，果翅较果核窄，果核位于翅果中上部。花期为8月底—9月初，果熟期为10月。

生态习性： 喜温暖湿润气候，对有毒气体、烟尘的抗性较强。

应用价值： 栽培供观赏，美丽的观干树种，也可作为盆景。

小 知 识： 榔榆与榆树相比，叶子多而繁密，而大小只有榆树树叶的一半左右，因此被称为“小叶榆”。此外，又因为它的树皮不规则剥落，色彩斑驳独特，又有“掉皮榆”“豹皮榆”等别称。

图片来源：（左）孙雨婷、（右）冯璐

乔木

62 柑橘（芸香科　柑橘属）

Citrus reticulata Blanco

别　　名： 桔子、橘子。

校园分布： 紫藤园、信息科学与工程学院北侧、实验十六楼南侧。

形态特征： 常绿小乔木，株高约为3米。分枝多，枝扩展或略下垂。叶片呈披针形或椭圆形，单身复叶，翼叶常狭窄，或仅有痕迹；叶面有光泽，深绿色。花单生或2～3朵簇生，通常为白色，花瓣呈五蕊花冠。果实通常呈扁圆形至近圆球形，果皮甚薄而光滑，为黄色、橙色、朱红色或深红色。果肉细腻多汁，味甜酸适中。花期为5月，果熟期为10—12月。

生态习性： 适合生长于具有适度肥力的弱酸性土壤。

应用价值： 栽培供观赏，可观花、观果的优良树种，果实可食用。

小 知 识： 《晏子春秋》中曾言“橘生淮南则为橘，生于淮北则为枳”，以此比喻人的习性会因环境的影响而变化。其实枳又名枸橘，俗称臭橘，它的果实肉少而味酸。柑橘和枳都属于芸香科，却属于不同种，故具有不同性状特征。

图片来源：冯璐

63 酸橙（芸香科 柑橘属）

Citrus × *aurantium* Siebold & Zucc. ex Engl.

校园分布： 二教南侧、实验六楼南侧等。

形态特征： 常绿小乔木，株高可达6米。枝叶茂密，具枝刺。叶为浓绿色，卵状长圆形或椭圆形，全缘或具浅齿；叶柄呈翅倒卵形，稀叶柄无翅。总状花序少花，有时兼有腋生单花，花蕾呈椭圆形或近圆球形，花萼有4或5浅裂。果实呈球形或扁球形，果皮厚，难剥离，橙黄色或朱红色，油胞大，凹凸不平，果肉味酸，有时带苦味。花期为5月，果熟期为11—12月。

生态习性： 喜光，耐半阴，喜温暖湿润、雨量充沛、阳光充足的气候。

应用价值： 栽培供观赏，果实可食用及药用。

图片来源：孙雨婷

64 月桂（樟科　月桂属）

Laurus nobilis L.

校园分布： 六舍楼与七舍楼之间。

形态特征： 常绿小乔木或灌木，株高可达12米。小枝具纵向竖条纹。叶互生，长圆形或长圆状披针形，边缘细波状，革质。花雌雄异株，伞形花序腋生，花小，黄绿色。果实呈卵珠形，成熟时为暗紫色。花期为4月，不见结果。

生态习性： 喜光，稍耐阴，喜温暖湿润气候。

应用价值： 栽培供观赏，属于药用植物，可提炼香精。

小 知 识： 月桂在古代希腊和罗马文化中具有重要的象征意义，常被用来表达胜利、荣耀和英雄的形象。在古代希腊和罗马帝国，月桂叶被用来制作胜利的花环，以奖励冠军和英雄。因此，月桂也常被称为“胜利之树”。

图片来源：（上）孙雨婷、（左下）孙雨婷、（右下）宋佳

65 樟（樟科　樟属）

Camphora officinarum Nees

别　　名： 香樟。

校园分布： 广布。

形态特征： 常绿乔木，株高可达30米，树冠宽大。树皮为黄褐色或灰褐色，有不规则纵裂。叶呈卵状椭圆形，先端急尖，边缘微波状；革质，上面为绿色或黄绿色，有光泽；离基三出脉，侧脉及支脉脉腋具腺窝。圆锥花序，多花但小，黄绿色。果实呈卵圆形或近球形，紫黑色。花期为4—5月，果熟期为11—12月，落果期为2—3月。

生态习性： 喜光，稍耐阴，不耐旱，不耐盐碱，耐水湿，萌蘖性强。

应用价值： 栽培供观赏，可提取樟脑和樟油。

图片来源：孙雨婷

66 梓树（紫葳科　梓属）

Catalpa ovata G. Don

校园分布： 图书馆北侧。

形态特征： 落叶乔木，株高可达15米，树冠呈伞形，主干通直。叶对生，有时轮生，阔卵形，长宽近相等，顶端渐尖，基部呈心形，常3浅裂。顶生圆锥花序，花萼蕾似圆球形，花冠呈钟状，淡黄色，内具2个黄色条纹及紫色斑点。蒴果呈线形，下垂。种子呈长椭圆形。花期为6月，果熟期为6—12月。

生态习性： 喜光，稍耐半阴，较耐寒。

应用价值： 栽培供观赏，可作为庭荫树等。

小 知 识：《诗经》中有“维桑与梓，必恭敬止”的诗句，体现了梓树和桑树在人们生活中的重要地位。由于古代人们宅前屋后往往栽植桑树和梓树，因此后将“桑梓”作为家乡的代称。

图片来源：孙雨婷

67 加拿利海枣（棕榈科 海枣属）

Phoenix canariensis Chabaud

别　　名： 加纳利海枣、长叶刺葵。

校园分布： 校医院门口、产业大楼南侧。

形态特征： 常绿乔木，株高可达10～15米。羽状复叶，具波状叶痕，顶生丛出，较密集，每叶有100多对小叶，小叶呈狭条形，近基部小叶呈针刺状。穗状花序腋生，长可至1米以上；花小，黄褐色。浆果呈卵状球形至长椭圆形，成熟时为黄色至淡红色。花期为5月，果熟期为9—10月。

生态习性： 耐热，较耐寒，喜光，耐半阴。

应用价值： 栽培供观赏，幼株可盆栽。

图片来源：汪远

68 棕榈（棕榈科　棕榈属）

Trachycarpus fortunei (Hook.) H. Wendl.

别　　名： 棕树。

校园分布： 广布。

形态特征： 常绿乔木，株高为3～8米。老叶鞘基呈纤维状，包被于树干上。叶片近扇形，深裂，叶柄两侧有细圆齿。花序粗壮，多次从叶腋抽枝，多雌雄异株；雄花为黄绿色，卵球形；雌花为淡绿色，球形。果实呈阔肾形，先黄色后淡蓝色，被白粉。花期为4—5月，果熟期为10月。

生态习性： 喜光，耐阴，喜温暖湿润气候，耐寒，适应各种土壤。

应用价值： 栽培供观赏，其棕皮纤维可做绳索，编蓑衣、棕绷等。

图片来源：（左上）孙雨婷、（左下）、冯璐（右）徐怿航

69 海州常山（唇形科　大青属）

Clerodendrum trichotomum Thunb.

别　　名：臭梧桐、八角梧桐。

校园分布：图书馆西北角。

形态特征：落叶小乔木或灌木，株高可达8米。老枝为灰白色，具皮孔，髓为白色，有淡黄色薄片状横隔。叶纸质，卵形或卵状椭圆形，先端渐尖，基部呈宽楔形，全缘或波状。伞房状聚伞花序顶生或腋生，花萼后期呈紫红色，5枚，裂片呈三角状披针形；花冠为白色或粉红色，芳香，裂片呈长椭圆形。核果近球形，蓝紫色，为宿萼包被。花果期为6—11月。

生态习性：喜光，较耐旱，喜湿润土壤，耐瘠薄，忌积水。

应用价值：栽培供观赏，花果共存，叶绿花白、果实红蓝，色彩丰富，具有较高观赏价值。

小 知 识：海州常山的气味很奇怪，《百花镜》中描述为“其叶圆尖不甚大，搓之气臭”，枝叶揉搓有一种类似椿树的气味，因此也被称为“臭梧桐”。

灌木

图片来源：冯璐

灌木

70 迷迭香（唇形科　迷迭香属）

Rosmarinus officinalis L.

校园分布： 商学院东侧围栏。

形态特征： 多年生常绿亚灌木，株高可达2米。叶片呈线形，背部为深绿色，腹面为银白色，有细小绒毛；叶常常在枝上丛生，有极短的柄或无柄。花对生，近无梗，少数聚集在短枝的顶端组成总状花序；花冠呈二唇形，蓝紫色，长不及1厘米。花期为3—4月。

生态习性： 喜光，不耐寒，不耐涝。

应用价值： 栽培供观赏，天然香料，可提取芳香精油，制作香水、化妆品等，亦可入药、食用。

图片来源：（左）孙雨婷、（右上）冯璐、（右下）孙雨婷

71 水果蓝（唇形科　香科科属）

Teucrium fruticans L.

别　　名：水果兰、灌丛石蚕。

校园分布：梅陇港旁绿地、友谊餐厅东侧。

形态特征：常绿小灌木，株高可达1.8米。全株表面覆盖白色绒毛，小枝呈四棱形。叶对生，卵圆形，叶片为蓝灰色。轮伞花序，花瓣为浅蓝色。花期为4—6月。常年异色叶。

生态习性：喜阳，耐寒，耐旱，耐瘠薄，适应性强。

应用价值：栽培供观赏，常用于绿篱、灌木球。

图片来源：冯璐

灌
木

72 变叶木（大戟科　变叶木属）

Codiaeum variegatum (L.) Blume

别　　名： 洒金榕。

校园分布： 实验十七楼前花坛。

形态特征： 常绿小乔木或灌木，株高可达2米。枝无毛，具明显叶痕。叶薄革质，叶形、色泽等因品种不同变异较大；绿色、黄色、黄绿色相间，紫红色或紫红色与黄绿相间，或绿色散生黄色斑点或斑块。花雌雄同株异序，总状花序腋生，雄花为白色，雌花为淡黄色。蒴果近球形，稍扁。花期为9—10月。

生态习性： 喜高温湿润、阳光充足的环境，不耐寒。

应用价值： 栽培供观赏，叶色丰富、叶形多变，装饰效果好，既可植于庭院观赏，也可作为室内点缀。

图片来源：孙雨婷

73 山麻杆（大戟科　山麻杆属）

Alchornea davidii Franch.

校园分布： 第五教学楼（以下简称五教）西侧。

形态特征： 落叶灌木，株高为1～5米。幼枝被灰白色绒毛。叶呈心形，先端短而尖，边缘有短锯齿，下面被绒毛，基脉三出。新叶为红色，秋色叶为红色。单花性，雌雄异株，雄球花呈穗状花序，雌球花呈总状花序顶生；萼片为5枚，长三角形。蒴果呈扁球形，果皮密被柔毛。花期为3月，果熟期为6—7月。

生态习性： 喜光，较耐阴，喜温暖，耐寒性较弱。

应用价值： 栽培供观赏，可作为造纸原料，种子可榨油。

图片来源：（左上）周天懿、（右上）龚燕、（左下）孙雨婷、（中下）何彦、（右下）何彦

74 枸骨（冬青科 冬青属）

Ilex cornuta Lindl. & Paxton

别　　名： 枸骨冬青、鸟不宿。

校园分布： 刺桐园、七教西侧等。

形态特征： 常绿灌木或小乔木，常见株高为1～3米。小枝粗，密生。叶革质，四角状长圆形或卵形，中央刺齿常反曲。花序簇生于叶腋，花基数为4，淡黄绿色。果呈倒卵形或椭圆形，成熟时为鲜红色。花期为5月，果熟期为12月—翌年1月。

生态习性： 喜光，耐阴，耐旱。

应用价值： 栽培供观赏，常用于绿篱，果枝可瓶插。

小 知 识： 在西方，枸骨因为与圣诞冬青（holly）相似，因此得名“Chinese holly”。

图片来源：（左上）何彦、（右上）冯璐、（左下）冯璐、（右下）万孟玲

75 龟甲冬青（冬青科　冬青属）

Ilex crenata var. convexa Makino

校园分布： 信息科学与工程学院北侧、大礼堂东侧等。

形态特征： 常绿矮灌木，株高可达5米。树皮为灰黑色，幼枝为灰色或褐色，具纵棱角，多分枝，小枝具灰色细毛。叶片互生，小而密，椭圆形，革质，有锯齿；新叶为嫩绿色，老叶为墨绿色，叶表面凸起呈龟甲状。花为白色，果呈球形。花期为6月。

生态习性： 喜光，喜温暖湿润气候，适应性强。

应用价值： 栽培供观赏，常用于基础种植和绿篱。

灌木

图片来源：孙雨婷

76 无刺枸骨（冬青科　冬青属）

Ilex cornuta 'Fortunei'

灌木

别　　名： 圆叶枸骨、全缘叶枸骨。

校园分布： 五教东侧。

形态特征： 常绿灌木或小乔木，株高为1～3米。枝条开展、密生。叶片为深绿色，革质或厚革质，卵状披针形或椭圆形，叶缘无刺齿。聚伞花序簇生，花萼呈盘状，花冠呈辐状，淡黄色，花瓣呈倒卵状椭圆形。果近球形，成熟时为鲜红色。花期为5月，红果期为11月—翌年2月。

生态习性： 适应性强，萌蘖性强，耐修剪。

应用价值： 栽培供观赏，用于绿篱和灌木球，果枝可瓶插。

图片来源：梁志沅

77 紫荆（豆科　紫荆属）

Cercis chinensis Bunge

灌木

别　　名： 老茎生花。

校园分布： 第八教学楼（以下简称八教）北侧、商学院南侧、信息科学与工程学院东侧等。

形态特征： 落叶灌木，株高为2～5米。树皮和小枝为灰白色。叶片纸质，近圆形，先端尖锐，基部呈心形，叶缘薄膜质而透明。花为紫红色或粉红色，老茎上簇生，花先叶开放。荚果为绿色，扁狭长形。种子为黑褐色，阔长圆形，带光泽。花期为4月，果熟期为8—9月。

生态习性： 喜光，较耐寒，不耐涝。

应用价值： 栽培供观赏，常用于花灌木，亦可入药。

图片来源：（左上）贾雨晴、（右上）孙雨婷、（下）孙雨婷

78 锦绣杜鹃（杜鹃花科　杜鹃花属）

Rhododendron × *pulchrum* Sweet

别　　名： 春鹃、毛鹃。

校园分布： 广布。

形态特征： 常绿灌木，株高为2～5米。枝条、苞片、花柄及花等均有棕褐色扁平的糙伏毛。叶呈椭圆形或椭圆披针形，先端钝尖。顶生伞形花序，1～5朵为一组，花冠呈漏斗形，玫瑰色，有深紫红色斑点。蒴果呈长圆状卵圆形，被糙伏毛，有宿萼。花期为4—5月。

应用价值： 栽培供观赏，常用于花篱。

图片来源：袁园

79 皋月杜鹃（杜鹃花科　杜鹃花属）

Rhododendron indicum (L.) Sweet

别　　名： 夏鹃。

校园分布： 四教南侧河边、梅陇港旁绿地等。

形态特征： 常绿灌木，株高为2～5米。分枝多而纤细，密被棕褐色糙毛。叶呈卵形，近革质，多集生枝端，表面有红棕色绒毛。花数朵簇生于枝顶，花冠呈漏斗形，花为红色、紫色、粉色、白色或复色。蒴果呈卵球形，密被糙毛。花期为6—7月。

生态习性： 喜凉爽潮湿环境，耐寒，怕热，喜含腐殖质、排水良好的偏酸性土壤。

应用价值： 栽培供观赏，常用于花篱。

灌木

图片来源：孙雨婷

80 海桐（海桐科　海桐属）

Pittosporum tobira (Thunb.) W. T. Aiton

校园分布： 广布。

形态特征： 常绿灌木或小乔木，株高为2～6米。枝叶密生，小枝近轮生。叶聚生枝顶，革质，倒卵形或倒卵状披针形，上面为深绿色，发亮；叶先端圆形或钝，网脉稍明显。花呈伞形或伞房花序顶生，有香气，白色。蒴果呈球形，有棱或三角状，3瓣裂，种子为红色。花期为4—5月。

生态习性： 喜光，较耐阴，对土壤要求不严。

应用价值： 栽培供观赏，常用于基础种植、绿篱、灌木球等。

图片来源：（左上）何彦、（右上）冯璐、（左下）马靖、（右下）冯璐

81 胡颓子（胡颓子科　胡颓子属）

Elaeagnus pungens Thunb.

校园分布： 办公大楼前河两岸、紫藤园内。

形态特征： 常绿灌木，株高可达4米。枝具刺，幼枝呈微扁菱形，密被锈色鳞片，老枝鳞片脱落，黑色，具光泽。叶革质，卵圆形或阔卵形，边缘略起皱，幼时被鳞片，成熟时脱落，光亮，叶背面有银白色鳞斑。花为白色，下垂，密被鳞片。果实呈椭圆形，幼时被褐色鳞片，成熟时为红色。花期为9—12月，果熟期为翌年4—6月。

生态习性： 耐阴性一般，喜高温潮湿气候。

应用价值： 栽培供观赏，常用于绿篱和灌木球，根、叶和果实均可入药。

图片来源：(左上)冯璐、(左下)孙雨婷、(右)袁雨轩

灌木

灌
木

82 瓜子黄杨（黄杨科　黄杨属）

Buxus sinica (Rehder & E. H. Wilson) M. Cheng

别　　名： 黄杨。

校园分布： 广布。

形态特征： 常绿灌木或小乔木，株高可达2米。枝条密集，圆柱形，灰白色，茎枝为4棱。叶革质，宽椭圆形或宽卵形，先端圆钝或微凹。花序腋生，头状，花朵密集。果实近球形，无毛。花期为2—3月，果熟期为7—8月。

生态习性： 喜温暖，耐寒，耐旱，喜肥沃湿润土壤，适应各种土壤。

应用价值： 栽培供观赏，常用于基础种植和绿篱。

小 知 识： 黄杨生长缓慢，在民间有“千年长一寸”的说法。

图片来源：(左) 李增浩、(右) 何彦

83 夹竹桃（夹竹桃科　夹竹桃属）

Nerium oleander L.

校园分布： 图书馆正门两侧、实验二楼东侧等。

形态特征： 常绿灌木，株高可达5米。枝条为灰绿色，含水液；嫩枝条具棱，被微毛，老时脱落。叶革质，窄椭圆状披针形，3叶轮生，稀对生。聚伞花序组成伞房状顶生，花芳香，花冠呈漏斗状，花单瓣和重瓣，有紫红色、粉红色、橙红色、黄色或白色。蓇葖果离生，圆柱形。花期为5—11月。

生态习性： 喜光，喜温暖湿润气候，较耐旱，不耐寒，耐碱性强。

应用价值： 栽培供观赏，花期长，城市绿化优良树种。

小 知 识： 夹竹桃，即“假竹桃”，因为它的茎叶似竹、花朵似桃，由此得名。但与桃、竹不同，夹竹桃全株含有毒性，在树液中浓度最高，可能对皮肤造成麻痹，因此要小心误食、误碰。

灌木

图片来源：（左）汪建豪、（右上）龚燕、（右下）马靖

84 日本珊瑚树（荚蒾科　荚蒾属）

Viburnum awabuki K. Koch

别　　名： 法国冬青。

校园分布： 广布。

形态特征： 常绿灌木或小乔木，株高可达8米。枝为灰色或灰褐色，表面有小瘤状皮孔。叶片革质，椭圆形，边缘上部具有不规则锯齿或近全缘。圆锥花序，多顶生；花冠先为白色后变黄白色，有时也呈淡红色。果呈卵圆形或卵椭圆形，成熟时先为红色后变黑色。花期为5—6月，红果期为8—9月。

生态习性： 喜光，稍耐阴，喜温暖，稍耐寒，根系发达，萌蘖性强，对有毒气体具有强抗性。

应用价值： 栽培供观赏，常用于树篱。

小 知 识： 珊瑚树因其果实展现出鲜明的红色，类似海洋中的红珊瑚，故而得名。

图片来源：（左上）孙雨婷、（左下）何彦、（右）孙雨婷

85 红花檵木（金缕梅科　檵木属）

Loropetalum chinense var. rubrum Yieh

别　　名： 红花继木。

校园分布： 广布。

形态特征： 常绿灌木或小乔木，株高可达3～6米。树皮为暗灰色或浅灰褐色，多分枝；嫩枝为红褐色，密被星状毛。叶为暗紫色，革质，卵形，先端尖锐。3～8朵花簇生，紫红色；花瓣为4枚，带状，先端圆形或钝。蒴果呈卵圆形，先端圆形。花期为3—4月，9—10月常有花。常年异色叶。

生态习性： 喜温暖，喜光，稍耐阴，阴时叶色容易变绿色。

应用价值： 栽培供观赏，常见的异色叶绿篱植物。

小 知 识： 红花檵木的“檵”字是个形声字，音同“继”，因此也会写成“红花继木”。“檵”字笔画复杂，能传神地再现红花檵木的花朵丝丝缕缕、如飘带缠枝的姿态。

图片来源：（上）何彦、（左下）何彦、（中下）张潇文、（右下）马靖

灌木

86 蚊母树（金缕梅科 蚊母树属）

Distylium racemosum Siebold & Zucc.

别　　名： 蚊子树。

校园分布： 五教南侧、团结一楼南侧、十舍西侧等。

形态特征： 常绿灌木或中乔木，株高可达6米。枝为暗褐色，嫩枝有鳞垢，老时光滑。叶革质，椭圆形，先端钝尖或稍尖，全缘，枝叶细小密集。总状花序，花雌雄同序。蒴果呈卵圆形，顶端尖，被褐色星状绒毛。花期为4月。

生态习性： 喜光，耐阴，不耐旱，对土壤要求不严，萌蘖性强。

应用价值： 栽培供观赏，可抗尘防毒，木材坚硬可用作家具材料，树皮可用作栲胶材料。

小 知 识： 蚊母树的叶片上经常长出虫瘿，呈现各种色彩，如黄绿色、红褐色等，大小不一，这是其显著特点之一。虫瘿中寄生着一些昆虫幼体，主要是蚜虫。早期人们误以为这些虫瘿中的昆虫是蚊子的幼虫，因此将这种树称为“蚊母树”。

图片来源：（左上）牟莹、（右上）何彦、（左下）龚燕、（右下）孙雨婷

87

金丝桃（金丝桃科　金丝桃属）

Hypericum monogynum L.

校园分布： 逸夫楼西侧、研究生楼南侧、大礼堂东侧。

形态特征： 常绿灌木，株高可达1.8米。多分枝，小枝为红褐色。叶对生，倒披针形或长椭圆形，近无柄，纸质。花为金黄色至柠檬黄色，聚伞花序生于枝顶；雄蕊有5束，与花瓣几等长，花药为黄色至暗橙色。蒴果呈宽卵球形，稀卵状圆锥形或近球形。花期为5—6月，果熟期为8—9月。

生态习性： 喜光，耐半阴，喜温暖湿润气候，稍耐寒，对土壤适应性强。

应用价值： 栽培供观赏，常用于花篱。

灌木

图片来源：王延睿

88 木芙蓉（锦葵科　木槿属）

Hibiscus mutabilis L.

校园分布： 青春河沿岸。

形态特征： 落叶灌木或小乔木，株高为2～5米。叶呈宽卵形、圆卵形或心形，常有5～7裂，裂片呈三角形。花单生于枝端叶腋间，花萼呈钟形，花冠初为白色、淡红色，后为深红色，花瓣为5枚，近圆形。蒴果为扁球形，被淡黄色刚毛和绵毛。花期为9—11月。

生态习性： 喜光，稍耐阴，喜温暖潮湿气候，喜肥沃湿润、排水良好的沙壤土。

应用价值： 栽培供观赏，宜植于水滨，花可煲汤食用。

小 知 识： 木芙蓉的花色在一天之内会发生变化，这与花瓣内的花青素有关，因为花青素会随着温度和酸碱度的改变而变化。早上开放的花中含有无色的原花青素，随着时间变化，环境温度升高，酶活性逐渐增强，无色的原花青素就会转化成显色的花色素，逐渐由白色变为粉色、深红色。

图片来源：孙雨婷

89 木槿（锦葵科　木槿属）

Hibiscus syriacus L.

别　　名： 朝开暮落花。

校园分布： 鲁华生态园。

形态特征： 落叶灌木或小乔木，株高可达6米。小枝密被黄色星状绒毛。叶呈菱形或三角状卵形，基部呈楔形，具不整齐缺齿，基脉三出。花单生于枝端叶腋间，花呈钟形，淡紫色，花瓣为5枚。蒴果呈卵圆形，密被黄色星状绒毛，具短喙。重瓣品种花期为6—7月一次，8—9月一次；单瓣品种一次花，果熟期为9—10月。

生态习性： 喜光，耐半阴，喜温暖湿润气候和肥沃疏松土壤，耐旱，耐瘠薄，耐黏重土壤，较耐碱。

应用价值： 栽培供观赏，夏季主要开花树种。

图片来源：孙雨婷

90 蜡梅（蜡梅科　蜡梅属）

Chimonanthus praecox (L.) Link

别　　名： 腊梅。

校园分布： 六教南侧、办公大楼正门前桥两侧等。

形态特征： 落叶灌木，株高可达3米。枝呈四方形，老枝近圆柱形，灰褐色，无毛或被疏微毛。幼叶纸质至近革质，卵圆形、椭圆形或长圆状披针形，下面脉疏被微毛。花为蜡黄色，有光泽，蜡质，具浓香。果托近木质化，坛状，口部收缩。花期为12月—翌年1月，果熟期为6月。

生态习性： 喜光，稍耐阴，较耐寒，耐旱，不耐涝。

应用价值： 栽培供观赏，花可制作花茶和提取浸膏。

图片来源：(左上)孙雨婷、(右上)何彦、(左下)孙雨婷、(右下)冯璐

91 含笑花（木兰科　含笑属）

Michelia figo (Lour.) Spreng.

别　　名：含笑。

校园分布：鲁华生态园、一教北侧。

形态特征：常绿小乔木或灌木，株高为2～3米。枝条紧密，组成圆形树冠。叶革质，狭椭圆形或倒卵状椭圆形，先端钝短尖。花直立，淡黄色，边缘有时为红色或紫色，具甜浓芳香；花被片为6枚，肉质，较肥厚，长椭圆形。聚合果，蓇葖果呈卵圆形或球形，顶端有短尖的喙。花期为4—5月，有时9—10月有花，极少结果。

生态习性：喜肥，喜半阴，忌强烈阳光直射，对土壤要求不严。

应用价值：栽培供观赏，可用于灌木球、花篱等。

小 知 识：含笑花开花时，花朵微垂半开，形似美人含羞带笑，故得名。

图片来源：冯璐

92 紫玉兰（木兰科　玉兰属）

Yulania liliiflora (Desr.) D. L. Fu

别　　名： 木笔、辛夷。

校园分布： 紫藤园、大礼堂东侧绿地等。

形态特征： 落叶灌木，株高可达3米。叶子呈椭圆状倒卵形或倒卵形，先端急尖或渐尖，上面为深绿色，下面为灰绿色，沿着脉线有短柔毛。花叶同放，带有轻微的香气；花为紫绿色，披针形；花被片为9枚，外轮3枚呈萼片状，常早落。果实为聚合蓇葖果，深紫褐色。花期为3—4月，不见结果。

生态习性： 喜光，较耐寒，不耐旱和盐碱，忌涝。

应用价值： 栽培供观赏，亦可入药。

小 知 识： 紫玉兰也被称为木笔，因为它的花苞外形与毛笔笔头十分相似，且生长在枝干末端。

灌木

图片来源：冯璐

93 白丁香（木樨科　丁香属）

Syringa oblata 'Alba'

别　　名：白花丁香。

校园分布：档案馆门口。

形态特征：落叶灌木或小乔木，株可高达5米。单叶对生，叶片较小，先端锐尖。花为白色，小巧且分布密集，芳香。蒴果呈卵圆形或长椭圆形，顶端长渐尖，几无皮孔。花期为4月。果熟期为9—10月。

生态习性：喜光，耐寒，耐旱，喜疏松排水的沙质土壤。

应用价值：栽培供观赏，可用于切花，花可提取精油。

图片来源：（上）郝文杰、（左下）王芸、（右下）何彦

94 金钟花（木樨科　连翘属）

Forsythia viridissima Lindl.

校园分布： 档案馆东侧、实验四楼南侧。

形态特征： 落叶灌木，株高可达3米。小枝为黄绿色，具片状髓。叶呈长椭圆形或披针形，先端锐尖，上部常具不规则锐齿或粗齿，稀近全缘；上面为深绿色，下面为淡绿色，两面无毛。1～3朵花生于叶腋，花先叶开放，花冠为深黄色，裂片呈窄长圆形，反卷。果呈卵圆形或宽卵圆形，具皮孔。花期为3月，果熟期为8—11月。

生态习性： 喜光，耐半阴，耐旱，耐寒，忌涝，适应性强。

应用价值： 栽培供观赏，常用于花篱或灌丛。

小 知 识： 金钟花与连翘在外形上颇为相似，但也存在细微差别。金钟花枝条具有片状髓，小枝为黄绿色，而连翘髓中空，枝条为黄褐色。金钟花的叶子全部为单叶，而连翘的叶子为单叶或三小叶。

图片来源：冯璐

95 金禾女贞（木樨科　女贞属）

Ligustrum 'Jinhe'

别　　名：柠檬女贞。

校园分布：梅陇港旁绿地。

形态特征：半常绿小灌木，株高可达3米。叶呈卵状椭圆形，不同季节颜色不同，春夏为黄绿色至黄色，秋冬为黄褐色。圆锥花序顶生，花为白色。花期为5月。

生态习性：喜光，耐旱，不耐阴，不耐寒。

应用价值：栽培供观赏，常用于绿篱、灌木球等。

小 知 识：本种为森禾公司选育，未正式起拉丁名。

图片来源：冯璐

96 金森女贞（木樨科　女贞属）

Ligustrum japonicum 'Howardii'

校园分布： 广布。

形态特征： 常绿灌木，常见株高为1.2米以下。枝叶密生，枝干较粗壮。叶对生，单叶呈卵形，革质，厚实肉质，春季新叶为鲜黄色，冬季转为金黄色。圆锥花序，花为白色，芳香。果实为紫黑色，椭圆形。花期为5—6月，果熟期为10—11月。新叶为金黄色且有斑纹，老叶为绿色。

生态习性： 喜温暖湿润气候，喜光，耐半阴，耐高温，耐寒，耐瘠薄。

应用价值： 栽培供观赏，常用于绿篱、灌木球等。

图片来源：何彦

97 金叶女贞（木樨科　女贞属）

Ligustrum × *vicaryi* Rehder

校园分布： 广布。

形态特征： 半常绿灌木，株高为2～3米。枝叶密生。叶薄革质，单叶对生，椭圆形或卵状椭圆形，先端尖，基部呈楔形，全缘；新叶为金黄色，老叶为黄绿色至绿色。总状花序，花两性，筒状白色小花。核果呈椭圆形。种子为黑紫色。花期为5—6月，果熟期为10月。

生态习性： 喜光，耐阴性较差，耐寒性中等。

应用价值： 栽培供观赏，常用于绿篱、灌木球等。

小 知 识： 金叶女贞由美国加利福尼亚州的金边女贞与欧洲女贞树种杂交而成，因新叶为金黄色而得名。

图片来源：张潇文

98 金叶水蜡（木樨科　女贞属）

Ligustrum sinense ‘Sunshine’

校园分布： 梅陇港旁绿地。

形态特征： 落叶小灌木，株高为2～3米。叶为金黄色，互生，十字两轮排列，枝条更多横向生长。果呈球形，黑色。花期为6—7月。

生态习性： 耐旱，耐涝，喜光，耐阴。

应用价值： 栽培供观赏，常用于绿篱、灌木球等。

图片来源：冯璐

99

小蜡（木樨科　女贞属）

Ligustrum sinense Lour.

校园分布： 信息科学与工程学院西南角绿地。

形态特征： 落叶灌木或小乔木，株高可达2～4米。幼枝被黄色柔毛，老时近无毛。叶纸质或薄革质，卵形、长圆形或披针形，先端尖或渐尖，或钝而微凹。塔形花序，花序轴被较密黄色柔毛或近无毛，基部有叶。果近球形。花期为5—6月，果期为9—12月。

生态习性： 喜温暖湿润气候，耐寒，较耐瘠薄，耐修剪。

应用价值： 栽培供观赏，可用于绿篱。

图片来源：冯璐

灌木

100 小叶女贞（木樨科　女贞属）

Ligustrum quihoui Carrière

别　　名： 小叶水蜡。

校园分布： 梅陇港旁绿地。

形态特征： 半常绿灌木，株高达3米。小枝圆，密被微柔毛，后脱落。叶薄革质，披针形、椭圆形、倒卵状长圆形或倒卵状披针形；叶缘反卷，两面无毛。圆锥花序顶生，紧缩，近圆柱形。果呈倒卵圆形、椭圆形或近球形，成熟时为黑紫色。花期为4—6月，果期为7—9月。

生态习性： 萌蘖性强，耐修剪。

应用价值： 栽培供观赏，对二氧化硫等有毒气体有较好的抗性。

图片来源：冯璐

101 银姬小蜡（木樨科　女贞属）

Ligustrum sinense var. variegatum

校园分布： 信息科学与工程学院南侧等。

形态特征： 常绿灌木，株高可达3～4.5米。树皮平滑，褐色或灰色；整株细密，直立性强，分枝多，冠形紧凑；小枝略带红色。叶先端锐尖或钝，全缘，银绿色，叶缘有宽窄不规则的乳白色边环。圆锥花序，花小，两性；花冠为白色，芳香，近漏斗状。浆果状核果，椭圆形、近球形，暗绿色或黑色。花期为5月，果熟期为9—10月，可宿存至翌年2月。

生态习性： 喜光，稍耐阴，对土壤要求不严，稍耐盐碱土壤。

应用价值： 栽培供观赏，常用于绿篱或灌木球。

图片来源：冯璐

102 迎春花（木樨科　素馨属）

Jasminum nudiflorum Lindl.

校园分布： 实验十三楼北侧。

形态特征： 落叶灌木，直立或匍匐，株高为0.3～5米。枝条拱形下垂，小枝呈四棱形。叶片革质，对生，三出复叶，小叶片呈卵形或椭圆形。花于叶腋单生，花冠为黄色，裂片为5～6枚，长圆形或椭圆形。花期为1—3月。

生态习性： 喜阳，忌涝，适合在酸性土壤中生长，在碱性土壤中生长不良。

应用价值： 栽培供观赏，可用于水岸、高架桥等绿化，亦可用于花篱。

小 知 识： 迎春花的花期早，常与水仙、梅花、山茶花并称为“雪中四友”。迎春花与云南黄馨较为相似，但云南黄馨为半常绿灌木，植株高大，叶片大，花冠多为两轮；迎春花为落叶灌木，植株矮小，叶片小，花冠多为一轮。

图片来源：孙雨婷

103 细叶萼距花（千屈菜科　萼距花属）

Cuphea hyssopifolia Kunth

别　　名： 紫花满天星。

校园分布： 梅陇港旁绿地。

形态特征： 常绿矮灌木，株高为20～50厘米。分枝多而细密。对生叶小，纸质，狭长圆形至披针形，顶端稍钝或略尖，基部钝，稍不对称，全缘。花单生于叶腋，结构特别，花萼延伸为花冠状，高脚碟状，花瓣为6枚，花两侧对称，花为紫色或紫红色。蒴果近长圆形，较少结果。一年四季开花不断。

生态习性： 喜高温，喜光，不耐寒。

应用价值： 栽培供观赏，可用于地被、花境。

图片来源：孙雨婷

灌木

104 石榴（千屈菜科　石榴属）

Punica granatum L.

别　　名： 丹若。

校园分布： 刺桐园西侧、实验六楼南侧、实验八楼南侧、二教东北侧等。

形态特征： 落叶灌木或小乔木，株高为3～5米。枝顶多呈尖锐长刺。叶簇生或对生，长披针形或长圆形。花两性，有钟状花和筒状花，红色、淡黄或白色，顶端有裂片；花瓣与萼裂片同数，倒卵形。浆果近球形，常为淡黄褐色或淡黄绿色。花期为5—6月，果熟期为9—10月。

生态习性： 喜光，喜温暖向阳环境，耐寒，耐瘠薄，不耐涝，适生于排水良好的沙质土壤。

应用价值： 栽培供观赏，果实可食用。

图片来源：（上）周天懿、（下）李云舒

105 紫薇（千屈菜科　紫薇属）

Lagerstroemia indica L.

别　　名： 百日红、痒痒树。

校园分布： 梅陇港旁绿地、实验十五楼南侧、实验五楼南侧等。

形态特征： 落叶灌木或小乔木，株高可达7米。树皮平滑，灰色或灰褐色。叶片大多互生，椭圆形，纸质，顶端短而尖。圆锥花序顶生，淡紫色、淡红色或白色，花瓣具有长爪。蒴果呈椭圆状球形，开始为黄绿色，后变为紫黑色。花期为7—9月，果熟期为9—12月。

生态习性： 喜光，耐半阴，耐旱，耐寒，忌涝。

应用价值： 栽培供观赏，常用于花灌木。

小 知 识： 紫薇别名“痒痒树”，是因为传说紫薇怕痒，用手触摸树干，树枝就会颤动。一种解释是紫薇的枝干粗细均匀，而花集中在茎的顶端，树冠较大，因此重心不稳，稍微触碰甚至一阵轻风也能使它颤动起来。

灌木

图片来源：（左上）周皓云、（右上）冯璐、（左下）冯璐、（右下）何彦

106 金边六月雪（茜草科　白马骨属）

Serissa japonica 'Variegata'

灌木

校园分布： 信息科学与工程学院南侧。

形态特征： 常绿小灌木，株高不足1米。叶小，对生，枝叶密集，常聚生于小枝上部，卵形至卵状椭圆形，全缘，具浅金色边条。花近无梗，花冠呈漏斗状，一朵至数朵簇生于枝顶或叶腋。花为白色或略带红晕。花期为5—7月。

生态习性： 喜温暖湿润气候，不耐寒。

应用价值： 栽培供观赏，可用于地被、花坛、花境等，亦可作为盆景。

图片来源：冯璐

107 龙船花（茜草科　龙船花属）

Ixora chinensis Lam.

校园分布： 攀登路旁花坛。

形态特征： 常绿灌木，株高为0.8～2米。小枝初时为深褐色，有光泽，老时为灰色，具线条。叶对生，有时4叶轮生，披针形、长圆状披针形至长圆状倒披针形。花序顶生，多花，具短总花梗；花冠为红色或红黄色，顶部有4裂，裂片呈倒卵形或近圆形，扩展或外反，顶端圆形或钝。果近球形，双生，中间有1沟，成熟时为红黑色。花期为5—10月。

生态习性： 喜酸性土壤，最适合的土壤pH为5～5.5。

应用价值： 栽培供观赏，在上海地区不宜露地越冬，可用于切花或盆栽。

图片来源：汪远

108 花叶栀子（茜草科　栀子属）

Gardenia jasminoides 'Variegata'

校园分布： 梅陇港旁绿地。

形态特征： 常绿灌木，株高为1～2米。叶片呈卵圆状披针形，革质，墨绿色，对生，幼叶有不规则大面积白斑，老叶返青。花于叶腋单生，花蕾为绿白色，花冠为白色，重瓣，具浓香。花期为3—7月。

生态习性： 喜光，喜微酸性湿润土壤。

应用价值： 栽培供观赏，常用于花篱和灌木球。

图片来源：孙雨婷

109 水栀子（茜草科　栀子属）

Gardenia jasminoides 'Radicans'

别　　名： 雀舌栀子。

校园分布： 广布。

形态特征： 常绿灌木，株高为0.5～3米。叶薄革质，窄披针形或线状披针形。花单生于叶腋或枝顶，芳香，径为4～5厘米，花为白色，重瓣。花期为6月。

生态习性： 喜光，忌强光暴晒，喜温暖湿润气候和疏松排水土壤。

应用价值： 栽培供观赏，可用于地被，亦可作为盆景及药用植物。

小 知 识： 本种与栀子的主要区别为水栀子体量小，多作为地被，而栀子体量大，常作为花灌木。

图片来源：冯璐

110 栀子（茜草科　栀子属）

Gardenia jasminoides J. Ellis

别　　名： 栀子花、黄栀子。

校园分布： 广布。

形态特征： 常绿灌木，株高为1～3米。叶对生或轮生，革质，长圆状披针形、倒卵长圆形或椭圆形。花芳香，于枝顶单生，白色或乳黄色，高脚碟状，萼宿存。果为黄色或橙红色，卵形或近球形。花期为6—7月，果熟期为6月—翌年2月。

生态习性： 喜温暖湿润气候，较耐寒，适生于稍庇荫处，喜肥沃、排水良好的酸性土壤。

应用价值： 栽培供观赏，果实可入药，黄色素可用于染料、化妆品着色剂以及天然食品色素。

图片来源：孙雨婷

111 棣棠（蔷薇科　棣棠属）

Kerria japonica (L.) DC.

校园分布： 图书馆南侧。

形态特征： 落叶灌木，株高为1～2米。小枝为绿色，丛生状，圆柱形，小枝略有棱。单叶互生，叶呈卵形或三角状卵形，边缘具尖锐重锯齿。花单生于枝端，花为黄色，有单瓣与重瓣品种，雄蕊多数。瘦果呈倒卵球形，侧扁，黑褐色。花期为4—6月。

生态习性： 喜温暖湿润气候，较耐阴，不耐寒。

应用价值： 栽培供观赏，亦可入药。

图片来源：（左上）冯璐、（左中）汪远、（左下）汪远、（右）汪远

灌
木

112 火棘（蔷薇科　火棘属）

Pyracantha fortuneana (Maxim.) H. L. Li

别　　名：救军粮。

校园分布：信息科学与工程学院南侧、八教南侧。

形态特征：常绿灌木，株高可达3米。枝叶密生，枝先端刺状，幼时被锈色短柔毛，后无毛。叶呈倒卵形或倒卵状长圆形，先端圆钝或微凹，有时具短尖头，有钝锯齿。复伞房花序，花瓣为白色，近圆形。果近球形，橘红色或深红色。花期为4月底—5月初，红果期为8—11月。

生态习性：喜强光，耐瘠薄，耐旱，耐寒。

应用价值：栽培供观赏，常用于花篱、果篱和刺篱，果枝可瓶插。

小 知 识：火棘的果实营养丰富，素有“袖珍苹果”“微果王”的美名。古人常用它酿酒或充饥，因此也被称为“救军粮”“救命粮”。

图片来源：何彦

113 小丑火棘（蔷薇科　火棘属）

Pyracantha fortuneana 'Harlequin'

校园分布： 梅陇港旁绿地、实验三楼北侧等。

形态特征： 常绿灌木，株高达3米。侧枝短，先端成刺状。叶片呈倒卵形或卵状长圆形，先端钝或微凹，基部呈楔形下延，边缘具钝锯齿；叶色多样，叶面有斑点。春秋时，叶片为黄色和绿色相间；夏季时，叶片以绿色为主，边缘稍带黄色；冬季时，叶片被阳光直射之处变成粉色。花小，白色。果为红色，生于枝头。花期为5月，很少结果。

生态习性： 喜湿润肥沃土壤，耐寒，耐旱，耐盐碱。

应用价值： 栽培供观赏，可用于绿篱、灌木球等。

图片来源：冯璐

114 贴梗海棠（蔷薇科　木瓜海棠属）

Chaenomeles speciosa (Sweet) Nakai

别　　名： 皱皮木瓜。

校园分布： 五教南侧、图书馆北侧、信息科学与工程学院东侧。

形态特征： 落叶灌木，株高可达2米。枝条具枝刺，紫褐色。叶呈卵形至椭圆形，先端急尖，稀圆钝，边缘具有尖锐锯齿。花先叶开放，3～5簇生于二年生老枝；花梗粗，近无柄；花瓣为猩红色、稀淡红或白色，倒卵形或近圆形。果呈球形或卵球形，黄色或带红色，干燥入药时果皮褶皱明显。花期为3—4月，果熟期为9—10月。

生态习性： 喜光，稍耐阴，较耐寒，耐瘠薄。

应用价值： 栽培供观赏，可用于花篱、灌木球等，亦可作为盆景。

小 知 识：《诗经》写道，“投我以木瓜，报之以琼琚”。在中国传统文化中“木瓜”都是指蔷薇科的木瓜类植物，而我们日常吃的水果“木瓜”，是从热带引进中国的，一般是指“番木瓜”，和传统文化里的木瓜是两种不同的植物。

图片来源：（左）孙雨婷、（右）冯璐

115 三叶海棠（蔷薇科　苹果属）

Malus sieboldii (Siebold) Siebold ex de Vriese

校园分布： 友谊餐厅门口。

形态特征： 落叶灌木，株高为2～6米。叶片呈卵形、椭圆形或长椭圆形，掌状3浅裂；叶柄有短柔毛；托叶草质，窄披针形。4～8朵花，集生于小枝顶端；萼片呈三角卵形；花瓣呈长椭倒卵形，基部有短爪，淡粉红色，在花蕾时颜色较深。果实近球形，红色或褐黄色。花期为4月，果熟期为8—9月。

生态习性： 喜光，对土壤的适应性较强，根系分布较浅，根量大，萌蘖性较强。

应用价值： 栽培供观赏，植株可作为苹果、花红等嫁接的优良砧木，果实可食用。

图片来源：冯璐

灌木

116 野蔷薇（蔷薇科　蔷薇属）

Rosa multiflora Thunb.

别　　名： 多花蔷薇。

校园分布： 商学院东侧围栏旁。

形态特征： 攀缘灌木。小枝无毛，有粗短稍弯曲皮刺。小叶为5～9对，倒卵形、长圆形或卵形；边缘有尖锐单锯齿，稀混有重锯齿。圆锥花序，萼片为5枚，披针形；花瓣为5枚，白色，宽倒卵形，先端微凹。果近球形，成熟时为红褐色或紫褐色，有光泽。花期为4—5月，果熟期为11—12月

生态习性： 喜光，耐半阴，耐寒，对土壤要求不严。

应用价值： 栽培供观赏，常用于栅栏、墙面绿化。

图片来源：冯璐

117 月季“安吉拉”（蔷薇科　蔷薇属）

Rosa hybrida ‘Angela’

校园分布： 信息科学与工程学院南侧围栏前。

形态特征： 落叶灌木。枝条蔓性，小枝具皮刺。植株高大，生长旺盛，分枝多。羽状复叶，叶片呈椭圆形或卵形，深绿色，有光泽，边缘有锯齿。花朵为重瓣，花径约为5～7厘米，花色丰富，以粉红色为主，花瓣质地柔软，花型紧密。花期为5—10月。

生态习性： 喜光，在半阴条件下也能生长，耐寒性强，能在较寒冷的气候条件下生长。

应用价值： 栽培供观赏，可用于立体绿化、廊架攀爬等，亦可作为切花。

图片来源：冯璐

118 月季“欧月”（蔷薇科　蔷薇属）

Rosa hybrid

校园分布： 信息科学与工程学院南侧围栏前。

形态特征： 落叶灌木。叶片多呈椭圆形或卵形，深绿色，边缘具锯齿。花朵为重瓣或半重瓣，花径通常为5～12厘米。花色丰富多样，包括红色、粉色、白色、黄色、橙色、紫色等。有的品种花瓣边缘有波纹或皱褶。花期较长，从春季到秋季持续开放，部分品种可多季开花。植株高度通常为中等高度，枝条坚韧。

生态习性： 喜光，较耐寒。

应用价值： 栽培供观赏，亦可用于切花和制作香料。

图片来源：冯璐

119 月季“夏令营”（蔷薇科　蔷薇属）

Rosa hybrida ‘Campfire’

校园分布： 信息科学与工程学院南侧围栏前。

形态特征： 落叶灌木。叶片为深绿色，椭圆形，边缘具细锯齿，质地光滑。花朵为多瓣，花径约为5～7厘米。花为鲜红色，花瓣质地柔软，排列紧密。花期长，从春季持续到秋季，具有多季开花的特点。

生态习性： 喜光，耐寒，抗病能力强。

应用价值： 栽培供观赏，可用于切花和制作香料。

图片来源：冯璐

灌
木

120 月季（蔷薇科　蔷薇属）

Rosa hybrida

别　　名： 月月花、月月红。

校园分布： 档案馆前。

形态特征： 落叶灌木或常绿灌木，株高为1～2米。羽状复叶，宽卵形至卵状长圆形，锐锯齿，两面近无毛。花多集生，花瓣有单瓣、复瓣、重瓣，多为红色，也有粉红色、白色或橘色，倒卵形。果呈卵圆形或梨形，成熟时为红色。茎为棕色偏绿色，小枝近无毛，具钩状皮刺或无刺。花期可全年。

生态习性： 喜光，喜疏松肥沃、微酸、排水良好的土壤。

应用价值： 栽培供观赏，可用于切花和制作香料。

图片来源：冯璐

121 红叶石楠（蔷薇科　石楠属）

Photinia × *fraseri* Dress

校园分布： 广布。

形态特征： 常绿灌木或小乔木，株高为4～6米。幼枝为棕色，贴生短毛，再为紫褐色，最后为灰色、无毛。叶互生，革质，长椭圆形或倒卵状椭圆形，边缘有疏生腺齿，无毛，新叶为鲜红色。复伞房花序顶生，花多而密，白色。果呈球形，红色或褐紫色。花期为5—6月，红果期为9—10月。色叶期为3—4月。

生态习性： 耐盐碱性较好，对土壤要求不严。

应用价值： 栽培供观赏，常见的绿篱植物。

图片来源：（上）何彦、（下）汪远

122 粉花绣线菊（蔷薇科　绣线菊属）

Spiraea japonica L. f.

别　　名： 日本绣线菊。

校园分布： 陇上书店对面青春河两侧、实验二楼南侧绿地。

形态特征： 落叶灌木，株高可达2米。枝条近圆柱形，细长。叶片呈卵形至卵状椭圆形，先端急尖至短渐尖，边缘有缺刻状重锯齿或单锯齿。复伞房花序，生于当年生的直立新枝顶端；花朵密集，密被短柔毛；花瓣呈卵形至圆形，粉红色。花期为5—6月，果熟期为8—9月。肥水充足时可以2～3次开花。

生态习性： 喜光，耐半阴，耐寒，适应各种土壤。

应用价值： 栽培供观赏，可用于花篱、花境等。

图片来源：（左上）何彦、（右上）万孟玲、（左下）孙雨婷、（右下）万孟玲

123 菱叶绣线菊（蔷薇科　绣线菊属）

Spiraea × *vanhouttei* (Briot) Carrière

校园分布： 刺桐园旁、实验二楼东侧、研究生院西北侧。

形态特征： 落叶灌木，株高为1～2米。小枝为红褐色，拱形弯曲，无毛。叶片呈菱形或圆形至扁椭圆形，边缘有缺刻状重锯齿，叶片上面为暗绿色，下面为浅蓝灰色，叶柄较短。伞形花序，有多数花朵，基部具数枚叶片；花瓣近圆形，先端钝，白色。蓇葖果稍开张。花期为4月，果熟期为7—8月。

生态习性： 喜光，耐旱，耐寒，忌涝。

应用价值： 栽培供观赏，可用于切花。

图片来源：袁雨轩

灌木

124 珍珠绣线菊（蔷薇科　绣线菊属）

Spiraea thunbergii Siebold ex Blume

别　　名： 喷雪花、雪柳。

校园分布： 刺桐园。

形态特征： 落叶或半常绿灌木，株高可达1.5米。小枝有棱角，幼时被短柔毛，老时无毛。叶呈线状披针形，中部以上有尖锯齿，两面无毛，羽状脉。伞形花序无总梗，花瓣呈倒卵形或近圆形，白色。蓇葖果开张，无毛，宿存萼片直立或反折。花期为3—4月，果熟期为5—6月。

生态习性： 喜光，喜温暖。

应用价值： 栽培供观赏，可丛植或用于花境，亦可用于切花。

小 知 识： 喷雪花由于枝条细长柔软、形似柳树，花枝洁白、细密如雪，又被称为“雪柳”。

图片来源：何彦

125 枸杞（茄科　枸杞属）

Lycium chinense Mill

校园分布： 梅陇港旁绿地、七教南侧。

形态特征： 落叶灌木，株高为0.5～1米。枝条细弱，拱枝形。叶呈卵形。花单生于长枝上或在叶腋双生。浆果呈卵形，红色。种子呈扁肾形，淡黄色。花期为8—10月，果熟期为9—12月。

生态习性： 喜光，喜冷凉，耐寒，耐旱，忌涝，多生于碱性和沙质土壤。

应用价值： 栽培供观赏，可作为盆景，可用于水土保持的灌木，是盐碱地造林的先锋树种，亦可入药和食用。

图片来源：（上）冯璐、（下）孙雨婷

126 大花糯米条（忍冬科　糯米条属）

Abelia × *grandiflora* (André) Rehder

别　　名： 大花六道木。

校园分布： 攀登路东侧、梅陇港旁绿地。

形态特征： 常绿矮生灌木，株高可达1.5米。幼枝为红褐色，有短柔毛。叶片呈倒卵形，枝叶密集。圆锥花序或聚伞花序单生，花为粉白色，漏斗状，5裂；粉红色的萼片经冬不凋，花萼为4～5枚。花期为6—12月。

生态习性： 喜光，耐半阴，耐热，耐寒，耐修剪，喜肥沃、排水良好的土壤。

应用价值： 栽培供观赏，可用于花篱或花境。

图片来源：冯璐

127 结香（瑞香科　结香属）

Edgeworthia chrysantha Lindl.

别　　名： 打结花

校园分布： 实验十五楼南侧。

形态特征： 落叶灌木，株高可达2米。小枝为褐色，叶痕明显。叶互生，纸质，长圆形、披针形至倒披针形，先端短尖，两面被灰白色丝状柔毛。花先叶开放，头状花序顶生或侧生，下垂，30～50朵花呈绒球状；花为黄色，芳香。果呈椭圆形，绿色，顶端被毛。花期为2—3月，果熟期为春夏间。

生态习性： 喜半阴，耐日晒，喜温，不耐寒性。

应用价值： 栽培供观赏，花朵具有浓烈香气，枝干和茎皮可用于造纸和编制工艺品。

小 知 识： 结香茎秆柔软，可打结，故得名。

图片来源：（上）冯璐、（下）王延睿

灌
木

128 瑞香（瑞香科　瑞香属）

Daphne odora Thunb.

校园分布： 信息科学与工程学院南侧围栏前。

形态特征： 常绿灌木，株高可达1.5～2米。茎粗壮，常二歧分枝，小枝呈圆柱形，紫红色或紫褐色。叶互生，纸质，长卵形或长圆形，全缘。头状花序顶生，多花；苞片呈披针形或卵状披针形；花外面为淡紫红色，内面为肉红色；裂片为4枚，卵形或卵状披针形。果实为红色。花期为3—5月。

生态习性： 喜光，喜冷凉，忌烈日，盛暑需要庇荫，喜疏松排水、肥沃的土壤。

应用价值： 栽培供观赏，可提制芳香油。

小 知 识：《清异录》中记载“梦中闻花香酷烈不可名，既觉”，描述了瑞香的芬芳浓烈使人梦中惊醒，因此得名“睡香”，又因为其“乃花中祥瑞”，被称为“瑞香”。

图片来源：（左）孙雨婷、（右）冯璐

129 无花果（桑科　榕属）

Ficus carica L.

校园分布： 第一食堂南侧庭院。

形态特征： 落叶灌木，株高为3～7米。树皮为灰褐色，皮孔明显。叶互生，厚纸质，广卵圆形，有3～5裂，边缘具钝齿，表面粗糙。雌雄异株，隐头花序，榕果单生于叶腋，成熟时为紫红色或黄色。花果期为5—7月。

生态习性： 喜温暖湿润气候，耐旱，耐瘠薄，不耐寒。

应用价值： 栽培供观赏，果实可食用。

图片来源：冯璐

130 茶梅（山茶科　山茶属）

Camellia sasanqua Thunb.

校园分布： 团结四楼东侧、刺桐园东侧等。

形态特征： 常绿小乔木，株高为1～2米。叶革质，椭圆形，叶缘锯齿状。花苞及萼片被柔毛，粉红色，稍有香气。蒴果呈球形。花期为11月—翌年3月。

生态习性： 喜光，耐半阴，喜温暖湿润气候，喜疏松排水、肥沃的土壤，抗性较强，病虫害少。

应用价值： 栽培供观赏，可用于地被和花篱等。

小 知 识： 茶梅之名来源于它的花形兼具梅花与茶花的特点。茶梅与山茶虽外形相似，但茶梅的花瓣一般单片凋落，山茶往往整朵枯萎。此外，茶梅的叶型也更小、更扁圆。

图片来源：（上）孙雨婷、（左下）陈毅博、（右下）冯璐

131 山茶（山茶科　山茶属）

Camellia japonica L.

别　　名： 茶花。

校园分布： 广布。

形态特征： 常绿灌木或乔木，株高可达6～9米。叶革质，椭圆形，先端较尖，边缘呈钝锯齿状，青绿色或深绿色。单花顶生及腋生，花无梗；苞片及萼片约为10枚，半圆形或圆形，被绢毛；花型较大，花瓣呈碗状，有单瓣和重瓣，多为红色。蒴果呈圆球形，较小。花期为2—4月，果熟期为8—9月。

生态习性： 喜光，喜温暖湿润气候，忌高温干旱，稍耐寒，喜肥沃疏松、微酸性土壤。

应用价值： 栽培供观赏，可用于花灌木和盆景。

灌木

图片来源：（左）王芸、（右上）龚燕、（右中）孙雨婷、（右下）龚燕

132 花叶青木（丝缨花科　桃叶珊瑚属）

Aucuba japonica var. variegata Dombrain

别　　名： 洒金东瀛珊瑚。

校园分布： 广布。

形态特征： 常绿灌木，株高可达2米。小枝对生。叶革质，对生，长椭圆形，上面为亮绿色偏墨绿色，具不规则金色斑点，下面为淡绿色，边缘上段具疏锯齿或近于全缘。圆锥花序顶生，花瓣呈三角形，暗紫色偏棕色。浆果呈长卵圆形，成熟时为暗紫色或黑色，簇生。花期为3—4月，果熟期至翌年4月。

生态习性： 喜阴，耐高温，耐低温，喜微酸性或中性土壤。

应用价值： 栽培供观赏，常用于绿篱。

小 知 识： 花叶青木的叶色青翠，上面具有大小不一的金黄色的斑点，就像洒了金粉一般，因此又被称作“洒金东瀛珊瑚”，这个名称直观地反映了其特征。

图片来源：（左）何彦、（右上）梁志沅、（右下）孙雨婷

133 菲油果（桃金娘科　野凤榴属）

Acca sellowiana (O. Berg) Burret

别　　名：斐济果。

校园分布：实验三楼北侧绿地。

形态特征：常绿灌木或小乔木，株高可达5米。叶革质，对生，椭圆形或倒卵状椭圆形。花瓣外侧有灰白色绒毛，内侧为淡紫色；雄蕊多数，红色。浆果呈卵圆形或长圆形，外面有白色绒毛，萼片宿存。花期为5月，果熟期为10—11月。

生态习性：喜高温、高湿，耐盐碱，不耐寒。

应用价值：栽培供观赏，常修剪成灌木球。

图片来源：马靖

134 松红梅（桃金娘科　鱼柳梅属）

Leptospermum scoparium J. R. Forst. et G. Forst.

别　　名： 松叶牡丹。

校园分布： 梅陇港旁绿地。

形态特征： 常绿小灌木，株高可达2米。枝条为红褐色，较为纤细，新梢通常具有绒毛。叶互生，线状或线状披针形。花有单瓣、重瓣之分。花为红色、粉红色、桃红色、白色等。花期为5—7月。

生态习性： 喜光，喜温暖湿润气候，不耐寒。

应用价值： 栽培供观赏，可提取精油。

小 知 识： 由于松红梅的花朵密集地盛开在枝头，从远处观看就像梅花一般，而叶片又像松树叶那样细长，故得名。

图片来源：冯璐

135 凤尾丝兰（天门冬科　丝兰属）

Yucca gloriosa L.

别　　名： 凤尾兰。

校园分布： 实验一楼北侧、实验十楼南侧。

形态特征： 常绿灌木，株高可达5米。叶簇生，革质，坚硬，剑形或长条披针形，被白粉，顶端具有硬刺。花为白色，圆锥花序，下垂，钟形。果呈椭圆状卵形，下垂，不开裂。花期为5—6月、9—10月，两次开花。

生态习性： 喜温暖湿润和阳光充足的环境，耐寒，耐阴，耐旱。

应用价值： 栽培供观赏，可用于绿篱、花境和切花等。

灌木

图片来源：（上）梁志沅、（下）冯璐

灌木

136 澳洲朱蕉（天门冬科　朱蕉属）

Cordyline australis Hook. f.

校园分布： 刺桐园、梅陇港旁绿地。

形态特征： 常绿灌木，株高为1～3米。茎直立丛生。叶细长，剑形，厚革质；叶为绿色或带紫红色，主脉突出。圆锥花序，花为淡红色或白色。

生态习性： 喜温暖湿润气候，不耐寒，在上海地区越冬需小气候保护。

应用价值： 栽培供观赏，可用于花境等。

图片来源：汪远

137 冬青卫矛（卫矛科　卫矛属）

Euonymus japonicus Thunb.

别　　名：大叶黄杨。

校园分布：广布。

形态特征：常绿灌木，株高可达3米。小枝为绿色，近四棱形。叶呈椭圆形，革质，有光泽，先端圆阔或急尖，边缘呈浅细钝齿状。聚伞花序，花为白绿色，花瓣呈卵圆形。蒴果近球状，淡红色，假种皮为橘红色。花期为6—7月，果熟期为10—11月。

生态习性：耐修剪整形，适应性强。

应用价值：栽培供观赏，常用于基础栽植和绿篱。

图片来源：（左）陈婧、（右）汪建豪

138 金边黄杨（卫矛科　卫矛属）

Euonymus japonicus 'Aurea-marginatus'

别　　名： 金边大叶黄杨、金边冬青卫矛。

校园分布： 广布。

形态特征： 常绿灌木，株高可达3～5米。小枝呈四棱形，具细微皱突。叶革质，有光泽，倒卵形或椭圆形，先端圆阔或急尖，边缘具浅细钝齿，有较宽黄色边缘。聚伞花序，有5～12朵花，花为白绿色，花瓣近卵圆形。蒴果近球状，淡红色。种子每室有1粒，顶生，椭圆状，假种皮为橘红色，全包种子。花期为6—7月，果熟期为10—11月。

生态习性： 抗污染性强，对二氧化硫具有非常强的抗性。

应用价值： 栽培供观赏，常用于基础栽植和绿篱。

图片来源：（上）孙雨婷、（下）王延睿

139 羽毛槭（无患子科　槭属）

Acer palmatum var. dissectum

别　　名： 羽毛枫。

校园分布： 晨园内小花园。

形态特征： 落叶灌木，株高为1～3米。枝条细弱。叶对生，无毛；常具7全裂，裂片为羽状深裂，轮廓呈披针形，先端尾尖。花为紫色，杂性，生于无毛的伞房花序，叶先花开放；花瓣为5枚，椭圆形或倒卵形，先端钝圆。翅果嫩时为紫红色，成熟时为淡棕黄色，翅张开成钝角。花期为4月，果熟期为9月。秋色叶为红色，色叶期为11—12月。

生态习性： 喜光，喜温暖湿润气候。

应用价值： 栽培供观赏，常与山石搭配或做庭院点景。

图片来源：何彦

140 八角金盘（五加科　八角金盘属）

Fatsia japonica (Thunb.) Decne. & Planch.

校园分布： 广布。

形态特征： 常绿灌木，株高可达5米。茎光滑无刺。叶片大，革质，近圆形，裂片呈长椭圆状卵形，先端短渐尖，边缘有疏离粗锯齿；叶片上面为暗亮绿色，下面较浅，边缘偶为金黄色。果近球形，成熟时为黑色。花期为11—12月，果熟期为翌年4月。

生态习性： 喜光，耐阴，喜温暖湿润气候，忌高温干旱。

应用价值： 栽培供观赏，常配植于林下、建筑物背面或高架桥下。

小 知 识： 八角金盘的叶片形状很有特色，人们往往因为它的名字而理所当然地认为它的叶片有八个角，但其实叶片一般为九个角或十一个角。

图片来源：（上）孙雨婷、（下）冯璐

141 熊掌木（五加科　五角金盘属）

× *Fatshedera lizei* (Hort. ex Cochet) Guillaumin

别　　名： 五角金盘。

校园分布： 攀登路东侧。

形态特征： 常绿蔓性灌木，株高可达1米。初生茎为草质，后逐渐木质化。单叶互生，呈掌状分裂，多为5裂，少有3裂，形似熊掌；叶渐尖，边缘平滑，呈波状并带有扭曲，嫩叶密布褐色茸毛，老叶为浓绿色且光滑。花期为11月，果熟期为翌年4—5月，很少开花结果。

生态习性： 喜温暖半阴环境，较耐阴。

应用价值： 栽培供观赏，常用于绿篱，亦可作为室内装饰。

小 知 识： 熊掌木是八角金盘和常春藤的属间杂交种，故兼具两者特点。

图片来源：（左）王宇博、（右）孙雨婷

灌木

灌木

142 火焰南天竹（小檗科　南天竹属）

Nandina domestica 'Firepower'

校园分布： 刺桐园、梅陇港旁绿地。

形态特征： 常绿小灌木，株高可达40厘米。叶互生，三出复叶，偶尔有羽状复叶，叶薄革质，先端渐尖，基部呈楔形，全缘；幼叶为暗红色，后变为绿色或带红晕；入冬时呈现火焰红色，色彩鲜艳。圆锥花序直立，花小，白色。浆果呈球形，成熟时为鲜红色、稀橙红色。

生态习性： 喜光，喜温暖湿润气候，耐阴。

应用价值： 栽培供观赏，可用于花坛、花境等。

图片来源：孙雨婷

143 南天竹（小檗科　南天竹属）

Nandina domestica Thunb.

校园分布： 广布。

形态特征： 常绿灌木，株高可达2米。茎常丛生，少分枝，无毛，幼枝常为红色，老后为灰色。叶互生，集生于茎的上部，三回羽状复叶，二至三回羽片互生；小叶薄革质，菱形，冬季变为红色。圆锥花序直立，花小，四角形，白色，芳香。浆果呈球形，成熟时为鲜红色、稀橙红色。花期为5—6月，红果期为11—4月。

生态习性： 喜温暖湿润、通风良好的环境，较耐寒，耐阴，耐水湿，耐旱。

应用价值： 栽培供观赏，宜与山石相配。

图片来源：（上）冯璐、（左下）龚燕、（右下）孙雨婷

144 阔叶十大功劳（小檗科　十大功劳属）

Mahonia bealei (Fortune) Carr.

校园分布： 七教西侧、逸夫楼西侧、实验十五楼南侧。

形态特征： 常绿灌木，株高可达2米。叶呈狭倒卵形至长圆形，具4～10对小叶，叶上面为暗灰绿色，背面被白霜，有时为淡黄绿色或苍白色。总状花序直立，通常3～9个簇生，花为黄色。浆果呈卵形，深蓝色，被白粉。花期为3月，果熟期为8—9月。

生态习性： 喜温暖湿润气候，耐阴，较耐寒，对土壤要求不严。

应用价值： 栽培供观赏，可用于林下绿化和花境。

图片来源：（上）冯璐、（左下）冯璐、（右下）万孟玲

145 十大功劳（小檗科　十大功劳属）

Mahonia fortunei (Lindl.) Fedde

别　　名： 狭叶十大功劳。

校园分布： 逸夫楼南侧。

形态特征： 常绿灌木，株高为0.5～2米。奇数羽状复叶，暗绿色至深绿色，狭披针形，边缘锯齿状，先端急尖或渐尖。总状花序簇生，花为黄色。浆果呈球形，紫黑色，被白粉。花期为9—10月，果熟期为10—11月。

生态习性： 喜光，喜温暖湿润气候，耐阴，喜含腐殖质、排水良好的酸性土壤。

应用价值： 栽培供观赏，亦可入药。

小 知 识： 十大功劳全株可入药，有多种效用，故以“十”这个象征圆满的数字比喻其用途丰富，并称为“十大功劳”。

图片来源：（上）冯璐、（下）石嘉骏

146 重瓣溲疏（绣球科　溲疏属）

Deutzia scabra var. plena Rehd.

校园分布： 六教西侧。

形态特征： 落叶大灌木，株高可达3米。树皮片状剥落，小枝中空。叶对生，叶片呈卵形至卵状披针形，顶端渐尖，基部稍圆，边缘有小齿，叶为浓绿色，两面均有星状毛，粗糙。圆锥花序直立，花瓣为长圆形，有重瓣和单瓣品种之分，外面有星状毛；花为白色或带粉红色斑点。蒴果近球形，顶端扁平，表面为深褐色。花期为5—6月。

生态习性： 喜温暖湿润气候，喜光，稍耐阴，较耐寒，耐旱。

应用价值： 栽培供观赏，亦可用于插花。

图片来源：冯璐

147 绣球（绣球科　绣球属）

Hydrangea macrophylla (Thunb.) Ser.

别　　名： 八仙花。

校园分布： 逸夫楼西侧、信息科学与工程学院旁、梅陇港旁绿地等。

形态特征： 落叶灌木，株高可达4米。叶对生，倒卵形，叶三分之二处边缘有锯齿。花几乎为无性，萼片为4枚，伞房状聚伞花序近球形或头状。花为粉色、蓝色、白色、绿色等。花期为5—7月。

生态习性： 喜半阴，对土壤酸碱性反应灵敏，生长于酸性土壤的花朵呈蓝色调，生长于碱性土壤的花朵呈红色调。

应用价值： 栽培供观赏，常用于林下栽植和花境，亦可用于切花。

图片来源：（上）孙雨婷、（左下）陈梓煜、（右下）马靖

148 醉鱼草（玄参科　醉鱼草属）

Buddleja lindleyana Fortune

校园分布： 实验二楼前、实验六楼前。

形态特征： 落叶灌木，株高达1～3米。小枝具四棱，棱上略有窄翅。叶膜质，对生，卵形、椭圆形或长圆状披针形。穗状聚伞花序顶生，紫色，具芳香；花萼呈钟状，宿存。蒴果呈长圆形或椭圆形，表面无毛，被鳞片。花期为6—10月，果熟期为8月—翌年4月。

生态习性： 喜光，喜疏松肥沃土壤，耐寒，耐旱，不耐水湿。

应用价值： 栽培供观赏，可用于切花，可入药。

小 知 识： “醉鱼草”名字出自《本草纲目》，渔人采用其花叶来毒鱼，故得名。它含有对鱼类有毒害作用的醉鱼草黄酮苷及醉鱼草糖苷，会使鱼麻痹。

图片来源：孙雨婷

149 彩叶杞柳（杨柳科　柳属）

Salix integra 'Hakuro Nishiki'

别　　名： 花叶杞柳。

校园分布： 梅陇港旁绿地。

形态特征： 落叶灌木，株高为1～3米。叶呈椭圆状长圆形，近对生，先端短渐尖，春叶密布白色斑点，基部为黄绿色，先端为粉白色，后叶变为黄绿色带粉白色斑点。常年异色叶。

生态习性： 喜光，喜水湿，耐寒，耐旱，稍耐阴，对土壤要求不严。

应用价值： 栽培供观赏，可用于花境，亦可高接于其他柳树上作为行道树，幼树可作为盆栽。

图片来源：冯璐

150 四季橘（芸香科　柑橘属）

Citrus × *macrocarpa* Bunge

校园分布： 实验一楼西侧。

形态特征： 常绿小灌木，株高为1.5～2.5米。叶呈椭圆形或倒卵状椭圆形，顶端圆、钝或短尖，叶片质较厚，叶为浓绿色。花朵成簇开放，每朵花宽为2.5厘米，花为白色。果呈扁圆形，两端中央凹陷；果皮为深橙黄色至橙红色，具香气。花期为4—5月，果熟期为7—12月。

生态习性： 喜温暖湿润气候，不耐寒。

应用价值： 栽培供观赏，观果植物，可作为室内盆栽。

图片来源：冯璐

151 胡椒木（芸香科　花椒属）

Zanthoxylum beecheyanum K. Koch

别　　名： 琉球花椒、清香木。

校园分布： 大礼堂前。

形态特征： 常绿灌木，株高为30～90厘米。树枝具刺，整株有浓烈的香味。叶基有短刺，叶轴有狭翼，小叶呈倒卵形，先端圆，革质，有光泽。雌雄异株，雄花为黄色，雌花为红橙色。果实呈椭圆形，绿褐色。花期为4月，果熟期为7—9月。

生态习性： 喜光，耐热，耐寒，耐旱，忌涝。

应用价值： 栽培供观赏，树叶可提取芳香精油。

图片来源：汪远

152 金娃娃萱草（阿福花科　萱草属）

Hemerocallis fulva ‘Golden Doll’

校园分布： 信息科学与工程学院南侧绿地。

形态特征： 多年生宿根草本，株高约为30厘米。具根状茎和肉质肥大的块根。叶基生，长条形，两列排布。花葶粗壮，高约为35厘米。螺旋状聚伞花序，7～10朵花。花冠呈漏斗形，花径约为7～8厘米，花为金黄色。蒴果呈钝三角形，成熟时开裂。花期为5—7月。

生态习性： 喜光，耐旱，喜湿润环境，耐半阴，耐寒。

应用价值： 栽培供观赏，可用于花坛、花境、林缘等。

图片来源：冯璐

153 芭蕉（芭蕉科　芭蕉属）

Musa basjoo Siebold & Zucc. ex Iinuma

校园分布： 实验二楼南侧、实验六楼南侧。

形态特征： 常绿草本，株高为2.5～4米。叶呈长圆形，先端钝，基部圆或不对称，上面为鲜绿色，有光泽，叶鞘上部及叶下面无蜡粉或微被蜡粉，叶柄粗壮。花序顶生，下垂；苞片为红褐色或紫色；雄花生于花序上部，雌花生于花序下部。浆果呈三棱状长圆形，具3～5棱，近无柄，肉质，内具多数种子。种子为黑色，具疣突及不规则棱角。

生态习性： 喜温暖湿润气候，在严寒的冬季，地上部分会枯死。

应用价值： 栽培供观赏，常与山石搭配，适合庭院栽植。

图片来源：（左上）鄢上淞、（右上）冯璐、（下）冯璐

154 兰花三七（百合科　山麦冬属）

Liriope spicata (Thunb.) Lour.

别　　名： 小叶麦冬。

校园分布： 广布。

形态特征： 多年生常绿草本，株高为10～40厘米。根状茎粗壮，叶呈线形，丛生。总状花序，花为淡紫色。浆果为蓝紫色。花期为7—8月，果熟期为10—11月。

生态习性： 喜光，耐阴，耐寒，耐热。

应用价值： 栽培供观赏，可用于林下地被，亦可入药。

图片来源：（左）冯璐、（右）周天懿

155 郁金香（百合科　郁金香属）

Tulipa × *gesneriana* L.

校园分布： 攀登路两侧花坛。

形态特征： 多年生球根花卉，株高为10～50厘米。具鳞茎，卵状，被纸质鳞茎皮。叶片有3～5枚，带状披针形至卵状披针形，边缘整齐呈波状，基部的2～3片叶较大，阔卵形，其他叶片生长在茎上，形状较小，长披针形。花朵单独生长在茎顶，大而直立，杯状，白天盛开，至傍晚或阴雨天则合闭。花色多样，包括白色、黄色、橙色、红色、紫色及复色。花期为3—4月。

生态习性： 喜光，耐寒。

应用价值： 栽培供观赏，可用于花坛、花带及花境，亦可作为切花。

图片来源：（上）孙雨婷、（左下）冯璐、（中下）梁志沅、（右下）王瑞寅

草本

156 金叶石菖蒲（菖蒲科　菖蒲属）

Acorus gramineus 'Ogan'

校园分布： 梅陇港旁绿地。

形态特征： 多年生常绿草本，株高为4～20厘米。根茎较短，根肉质。叶呈线形，叶为金黄色，极狭，无中肋，呈两列。佛焰苞短，肉穗花序为黄绿色，圆柱形。花期为5—6月，果熟期为7—8月。

生态习性： 不耐暴晒，喜阴湿环境，不耐旱。

应用价值： 栽培供观赏，可用于地被、花境。

草本

图片来源：冯璐

157 紫叶筋骨草（唇形科　筋骨草属）

Ajuga reptans ‘Atropurpurea’

校园分布： 晨园北侧绿地。

形态特征： 多年生常绿草本，株高为10～25 cm。茎呈四棱形。叶呈椭圆状卵圆形，银绿底色上充满紫红色。轮伞花序由6至更多的花组成顶生聚伞花序，花为淡紫色或蓝色，紧密排序。花期为4—5月。

生态习性： 耐寒，耐半阴，耐旱，耐涝。

应用价值： 栽培供观赏，可用于地被、花境镶边等。

图片来源：冯璐

158 五彩苏（唇形科　鞘蕊花属）

Coleus scutellarioides (L.) Benth.

别　　名： 彩叶草

校园分布： 攀登路两侧花坛。

形态特征： 一年生草本，株高约为30厘米。茎常为紫色，四棱形。叶对生，卵圆形，先端钝至短渐尖，基部为宽楔形至圆形，边缘具圆齿状锯齿；叶色多样，有黄色、暗红色、紫色和绿色等。轮伞花序多花，排列成圆锥花序，花冠为浅紫色至蓝色。花期为7月。

生态习性： 喜光，耐热，不耐寒，光照充足时色彩更鲜艳。

应用价值： 栽培供观赏，可用于地被、花坛、花境等。

图片来源：冯璐

159 白车轴草（豆科　车轴草属）

Trifolium repens L.

别　　名： 白三叶。

校园分布： 梅陇港旁绿地。

形态特征： 多年生草本，株高为10～30厘米。茎贴地匍匐。掌状三出复叶，小叶呈倒卵形至近圆形，先端微凹至钝圆，具细锯齿；叶片中间具浅色斑纹。头状花序呈球形，总花梗长于叶柄；花为白色或淡红色。荚果呈倒卵状，矩形。种子为褐色，近圆形。花期为4—6月。

生态习性： 喜温暖湿润气候，不耐旱和长期积水，竞争能力强。

应用价值： 栽培供观赏，可用于地被、堤岸防护，亦可入药。

图片来源：冯璐

160 新几内亚凤仙花（凤仙花科　凤仙花属）

Impatiens hawkeri W. Bull

别　　名： 五彩凤仙花。

校园分布： 南门外花坛。

形态特征： 多年生草本，常作一年生栽培，株高为30厘米。茎肉质光滑，绿色或红褐色。叶呈披针形，黄绿色至深绿色，叶片边缘有不规则锯齿，老叶叶脉明显，凸起，叶色常与花的颜色具有相关性。花于叶腋单生，色彩丰富，花瓣呈心形，基部衍生为距。花期为6—8月。

生态习性： 喜温暖、光照充足的环境，不耐寒，忌暴晒。

应用价值： 栽培供观赏，可用于花境、花坛。

草本

图片来源：孙雨婷

161 细叶芒（禾本科　芒属）

Miscanthus sinensis 'Gracillimus'

校园分布： 梅陇港旁绿地。

形态特征： 多年生草本，株高为1～2米。叶片呈长线形，直立纤细。圆锥花序顶生，扇形，花由粉红色变银白色。花期为9—10月，最佳观赏期为5—11月。

生态习性： 喜光，耐旱，冬天地上部分枯死，次年早春重新发芽。

应用价值： 栽培供观赏，观赏草常用品种，可用于花境、花坛等。

草本

图片来源：孙雨婷

162 小兔子狼尾草（禾本科　狼尾草属）

Pennisetum alopecuroides 'Little Bunny'

别　　名： 小布尼狼尾草。

校园分布： 梅陇港旁绿地。

形态特征： 多年生草本，株高为15～30厘米，是最低矮的狼尾草。叶片呈线形，先端长渐尖。圆锥花序呈穗状，直立，穗常单生，花茎高出叶丛，形似狼尾。花期为6—9月。

生态习性： 喜光，耐半阴，耐寒，耐旱。

应用价值： 栽培供观赏，可用于地被、花境等。

图片来源：冯璐

163 矾根（虎耳草科　矾根属）

Heuchera hybrida

别　　名： 肾形草。

校园分布： 刺桐园。

形态特征： 多年生常绿草本，株高为10～50厘米。叶基生，阔心形，颜色丰富，有绿色、粉色、黄色等。花呈小钟状，粉红色，圆锥花序顶生于总花梗上，高出叶丛，雄蕊为5枚，萼片长于花瓣。花期为4—6月。

生态习性： 喜阳，避免阳光直射，耐阴，耐寒。

应用价值： 栽培供观赏，可用于花境、花坛、地被、庭院绿化等。

小 知 识： 矾根色彩缤纷艳丽，像打翻了的调色盘，故享有“观叶界的第一美少女”称号。其在不同季节、环境和温度下叶片颜色不同，因此也被称为“绿植中的变色龙”。

图片来源：（上）龚燕、（下）孙雨婷

164 虎耳草（虎耳草科　虎耳草属）

Saxifraga stolonifera Meerb.

校园分布： 刺桐园。

形态特征： 多年生草本，株高为8～45厘米。叶基生，具长柄，叶近心形、肾形至扁圆形，裂片边缘呈不规则细齿。聚伞花序圆锥状，细弱，被腺毛；花在两侧对称；花瓣为白色，上部有紫红色斑点，基部有黄色斑点，雄蕊花丝呈棒状。花果期为4—11月。

生态习性： 喜散射光，较耐阴，有一定的耐寒性。

应用价值： 栽培供观赏，可用于盆栽、花坛和林缘绿化，亦可入药。

草本

图片来源：孙雨婷

165 大花三色堇（堇菜科　堇菜属）

Viola × *wittrockiana* Gams ex Nauenb. & Buttler

别　　名：猴面花、鬼脸花。

校园分布：广布。

形态特征：一二年或多年生草本，株高为15～25厘米。基生叶呈卵圆形，有叶柄；茎生叶呈披针形。花为紫色、白色、黄色等，花瓣中央常有深色眼睛状斑纹。蒴果呈椭圆形，三瓣裂。花期为1—4月。

生态习性：喜光，耐寒，忌高温和积水。

应用价值：栽培供观赏，可用于花坛、花境、草坪边缘，亦可作为盆栽。

图片来源：（上）孙雨婷、（下）冯璐

166 小花三色堇（堇菜科　堇菜属）

Viola × williamsii

校园分布： 广布。

形态特征： 一二年或多年生草本，株高为10～40厘米。叶呈长卵形或披针形，基生，具长柄，边缘波状，托叶大，羽状深裂。花为紫色、白色、黄色等，常具猫须状斑纹，花单生于叶腋，花瓣似扇形。花期为11月—翌年5月。

生态习性： 喜光，耐寒，忌高温和积水。

应用价值： 栽培供观赏，可用于花坛、花境、草坪边缘，亦可作为盆栽。

小 知 识： 大花三色堇的花朵较大，多有深色斑块；小花三色堇的花朵小巧，耐寒性更强。大花三色堇的常用商品名为“三色堇”，小花三色堇的常用商品名为“角堇”，实际上，在植物学上，三色堇和角堇另有其他植物，是大花三色堇和小花三色堇的原始种。

图片来源：张潇文

167 紫花地丁（堇菜科　堇菜属）

Viola philippica Cav.

校园分布： 广布。

形态特征： 多年生草本，株高为4～14厘米。叶基生，莲座状；叶下部呈三角状卵形，上部较长，长圆形，具圆齿。花为紫色或淡紫色，花瓣呈倒卵形，喉部颜色较淡并有明显脉纹。蒴果呈长圆形。花果期为4—9月。

生态习性： 耐阴，耐寒，适应性强。

应用价值： 栽培供观赏，可用于花境、盆景，也可与其他早春花卉搭配作为花丛。

小 知 识： 古希腊神话故事中，紫花地丁是宙斯思念已故的人而变出来的花朵。拿破仑最爱紫花地丁，法国图卢兹为纪念他设立了“紫花地丁节”。

图片来源：孙雨婷

168 长药八宝（景天科　八宝属）

Hylotelephium spectabile spectabile (Boreau) H. Ohba

别　　名： 八宝景天。

校园分布： 晨园屋顶花园。

形态特征： 多年生肉质草本，株高为40～50厘米。叶对生，灰绿色，长圆形或卵状长圆形，先端钝，基部渐狭成短柄或接近无柄，边缘具波状锯齿。花顶生，伞房状。花萼呈三角状卵形；花瓣呈宽披针形，有5枚，淡紫红色或紫红色。花期为8—9月。

生态习性： 喜光，耐寒，耐旱，忌涝，有一定的耐盐碱性。

应用价值： 栽培供观赏，可用于花境、林下等，亦可入药。

草本

图片来源：(上)冯璐、(下)汪远

169 佛甲草（景天科　景天属）

Sedum lineare Thunb.

校园分布： 梅陇港旁绿地、刺桐园。

形态特征： 多年生草本，株高为10～20厘米。叶呈线形，3叶轮生，先端钝尖，基部无柄，有短距。聚伞状花序顶生，萼片为5枚，线状披针形。花瓣为5枚，黄色，披针形。花期为4—5月。

生态习性： 耐旱，耐寒。

应用价值： 栽培供观赏，可用于花坛花境镶边、屋顶绿化等，亦可入药。

图片来源：冯璐

170 雏菊（菊科　雏菊属）

Bellis perennis L.

校园分布： 攀登路两侧花坛。

形态特征： 多年生或一年生草本，株高约为10厘米。叶基生，匙形，顶端为圆形，上半部有疏钝齿或波状齿。头状花序单生，舌状花一层，管状花较多。瘦果呈倒卵形，扁平。花期为12月—翌年3月。

生态习性： 喜光，耐寒，不耐阴，不耐高温。

应用价值： 栽培供观赏，可用于花坛、盆栽、花境、切花等。

图片来源：（左上）孙雨婷、（右上）袁雨轩、（下）冯璐

171 大吴风草（菊科　大吴风草属）

Farfugium japonicum (L. f.) Kitam.

校园分布： 五教北侧、校医院周围、友谊餐厅东侧等。

形态特征： 多年生常绿草本，株高为40～70厘米。叶基生，莲座状，肾形，具长柄，深绿色，有光泽，先端圆，全缘或有小齿或掌状浅裂，叶脉清晰。花葶高达70厘米，幼时密被淡黄色柔毛；头状花序排列成疏伞房状，花为黄色。瘦果呈圆柱形。花果期为10月—翌年2月。

生态习性： 喜半阴和湿润环境，忌干旱和夏季阳光直射。

应用价值： 栽培供观赏，大吴风草耐阴，被广泛用于林下种植。

图片来源：（左上）龚燕、（右上）孙雨婷、（左下）孙雨婷、（右下）冯璐

172 黄金菊（菊科 黄蓉菊属）

Euryops pectinatus 'Viridis'

校园分布： 梅陇港旁绿地。

形态特征： 一年生或多年生草本，在上海地区为常绿植物，常基部木质化，半灌木状，株高为30～50厘米。叶片呈长椭圆形，羽状裂，裂片呈披针形，全缘，绿色。头状花序，舌状花及管状花均为金黄色。花期为9—11月。

生态习性： 喜温暖湿润气候，喜光，耐寒。

应用价值： 栽培供观赏，可用于花坛、花境、花篱。

小 知 识： 黄金菊在西方文化中象征着繁荣、幸福和友谊，常用作节日或庆祝场合的装饰材料。在中国文化中，黄金菊也常被用来赠送给亲朋好友，寓意着祝福与美好。

草本

图片来源：汪远

173 银叶菊（菊科　疆千里光属）

Jacobaea maritima (L.) Pelser & Meijden

校园分布： 梅陇港旁绿地。

形态特征： 多年生常绿草本，株高为50～80厘米。植株多分枝，全株被白色绒毛。基生叶呈椭圆状披针形，全缘，上部叶片有一至二回羽状分裂，裂片呈长圆形。头状花序单生枝顶，舌状花小、黄色，管状花为黄褐色。花期为6—9月。

生态习性： 喜光，喜温暖。

应用价值： 栽培供观赏，可用于花坛、花境。

图片来源：冯璐

174 万寿菊（菊科　万寿菊属）

Tagetes erecta L.

别　　名： 臭芙蓉、蜂窝菊。

校园分布： 七教楼前绿地。

形态特征： 一年生草本，株高为50～150厘米。叶呈长椭圆形，多对生，偶有互生，深绿色，羽状分裂，叶片上有油腺点。头状花序单生，花为橙黄色或金黄色。瘦果呈线形，黑色或褐色。花期为7—9月。

生态习性： 喜温暖，耐半阴，耐移栽，不耐严寒酷暑。

应用价值： 栽培供观赏，可用于花坛、花境。

图片来源：孙雨婷

175 蓝目菊（菊科　异果菊属）

Dimorphotheca ecklonis DC.

别　　名： 南非万寿菊。

校园分布： 八角亭外草地。

形态特征： 多年生草本，常作一年生栽培，株高为20～60厘米。基生叶丛生，茎生叶互生，长圆形或倒卵形，羽状裂，全缘或少量锯齿。花径为7.5厘米左右，舌状花为白色，背面呈淡紫色，管状花呈蓝紫色。花有单瓣、重瓣之分。花期在夏秋季。

生态习性： 喜光，不耐寒。

应用价值： 栽培供观赏，可用于花境、花坛等。

草本

图片来源：孙雨婷

176 美丽月见草（柳叶菜科 月见草属）

Oenothera speciosa Nutt.

校园分布： 二舍南侧。

形态特征： 多年生草本，株高为40～50厘米。叶互生，披针形，先端尖，基部呈楔形，下部有波缘或疏齿，上部近全缘，绿色。花单生或2朵着生于茎上部叶腋，花瓣为4枚，粉红色，具暗色脉缘，雄蕊为黄色，雌蕊为白色。蒴果近圆柱形。花期为5—6月。

生态习性： 喜光，耐半阴，喜温暖湿润气候，生命力强，可自播繁衍。

应用价值： 栽培供观赏，可用于花境、花海、花坛等。

图片来源：（上）冯璐、（左下）冯璐、（右下）何彦

177 美人蕉（美人蕉科　美人蕉属）

Canna indica L.

校园分布： 档案馆东侧、八教南侧、科辅四楼西侧、产业大楼南侧。

形态特征： 多年生草本，株高可达1.5米。叶片大，卵状长圆形，长为10～30厘米，宽达10厘米。总状花序疏花，略超出于叶片之上，单生；萼片为3枚，披针形；花冠呈裂片披针形，红色。蒴果为绿色长卵形，有软刺。花果期为5—12月。

生态习性： 喜温暖湿润气候，不耐霜冻，稍耐水湿。

应用价值： 栽培供观赏，可用于花境、林缘等。

图片来源：冯璐

178 蓝猪耳（母草科　蝴蝶草属）

Torenia fournieri Linden ex E. Fourn.

别　　名： 夏堇、兰猪耳。

校园分布： 紫藤园、七教前花坛。

形态特征： 一年生草本，株高为15～30厘米。方茎，分枝多，披散状。叶对生，卵形或卵状披针形，边缘有锯齿，秋色叶变为红色。总状花序腋生或顶生，唇形花冠，花萼膨大，萼筒上有5条棱状翼；花为紫青色、桃红色、蓝紫色、深桃红色及紫色等。种子细小。花果期为6—12月。

生态习性： 喜光，较耐高温暑热。

应用价值： 栽培供观赏，花期长，耐高温，适宜作为花坛镶边材料。

小 知 识： 蓝猪耳的花以蓝紫色为主，斑块性质就像猪耳朵，故得名。

图片来源：冯璐

179 四季秋海棠（秋海棠科　秋海棠属）

Begonia cucullate Willd.

别　　名： 四季海棠。

校园分布： 攀登路旁花坛。

形态特征： 多年生常绿草本，株高为15～30厘米。茎肉质，直立生长。单叶互生，绿色或淡红色，具光泽。聚伞状花序，花为红色或白色，雌雄同株，雄花大，雌花小。果为绿色。花期为3—12月。

生态习性： 喜光，稍耐阴，怕热，不耐寒，不耐涝。

应用价值： 栽培供观赏，可作为盆栽，也可用于园林绿化。

草本

图片来源：孙雨婷

180 金丝薹草（莎草科　薹草属）

Carex oshimensis 'Evergold'

别　　名： 金叶苔草。

校园分布： 梅陇港旁绿地。

形态特征： 多年生草本，株高为10～50厘米。整株植物生长紧凑，矮小，形态优美。叶片呈线形，质地光滑，中间有条纹，金黄色。穗状花序，花茎呈三棱形。小坚果呈三棱形，包于果囊内。花期为3月，果熟期为4月。

生态习性： 喜光，喜凉爽环境，耐寒。

应用价值： 栽培供观赏，可用于地被、花境镶边等。

草本

图片来源：冯璐

181 芍药（芍药科　芍药属）

Paeonia lactiflora Pall.

校园分布：大礼堂南侧绿地。

形态特征：多年生宿根草本，株高为40～70厘米。下部茎生叶为二回三出复叶，上部为三出复叶；小叶呈椭圆形，狭卵形或披针形。花数朵，多生于茎顶和叶腋，偶顶端仅一朵；花瓣为多色，有时基部有深紫色斑块；花丝为黄色。花期为4—5月。

生态习性：喜光，耐寒，忌积水。

应用价值：栽培供观赏，可用于花坛、盆栽、切花或散植于庭院，块根可入药。

小 知 识：芍药在诗经中被定义为“爱情信物”，芍药也被称为“花中丞相”，仅次于“花中之王”牡丹，体现雍容华贵之美。

草本

图片来源：汪远

182 肾蕨（肾蕨科　肾蕨属）

Nephrolepis cordifolia (L.) C. Presl

校园分布： 刺桐园。

形态特征： 多年生草本，株高为30～80厘米。根状茎直立，鳞片为淡棕色，长钻形，下部有匍匐茎，粗铁丝状。叶片簇生，叶柄呈暗褐色，略有光泽；一回羽状，叶片多数；小叶片呈线状披针形或狭披针形，基部常不对称；叶脉明显，侧脉纤细；孢子囊群在叶子背面两侧各排成一行，狭肾形。

生态习性： 喜半阴，喜温暖湿润气候，不耐旱，不耐寒，怕热，忌阳光直射。

应用价值： 栽培供观赏，可用于地被、花境等，亦可入药。

图片来源：孙雨婷

183 诸葛菜（十字花科　诸葛菜属）

Orychophragmus violaceus (L.) O. E. Schulz

别　　名： 二月兰、二月蓝。

校园分布： 十七舍前、科辅三楼河边等。

形态特征： 一年生或二年生草本，株高为10～50厘米。茎单一，直立。基生叶及下部茎生叶呈羽状全裂，上部叶片近圆形或短卵形且抱茎。总状花序，花为紫色、浅红色和白色。长角果呈线形。种子为黑棕色，有纵条纹。花期为2—5月。

生态习性： 极耐寒，冬季常绿，较耐阴。

应用价值： 栽培供观赏，用于绿化带、林下绿化，也可作为野菜食用。

小 知 识： 据传，当年诸葛亮面对粮食短缺问题时，命令众将士去采集野菜。其中，挖得最多的一种野菜后来被人们称为“诸葛菜”，以纪念诸葛亮发现和推广这种野菜的功绩。同时，因其花期较早，故又称为“二月兰”。

图片来源：冯璐

184 葱莲（石蒜科　葱莲属）

Zephyranthes candida (Lindl.) Herb.

别　　名： 葱兰、玉莲。

校园分布： 晨园前花坛。

形态特征： 多年生常绿草本，株高为10～20厘米。鳞茎呈卵形，具有明显的颈部。叶呈狭线形，肥厚，亮绿色。花茎中空，单花顶生；花为白色，外面稍带淡红色；花被片为6枚，雄蕊为6枚，下有带褐红色的佛焰苞状总苞。花期为9—10月。

生态习性： 喜光，耐半阴。

应用价值： 栽培供观赏，常作为镶边材料应用于花坛、花境和草地中成丛栽植。

小 知 识： 葱莲因叶形似葱、开花如兰，也被称为“葱兰”。与它相似的观赏植物还有韭莲，韭莲的花偏粉色，顾名思义，叶形似韭。

草本

图片来源：张铁然

185 韭莲（石蒜科　葱莲属）

Zephyranthes carinata Herb.

别　　名： 韭菜兰、红花葱兰。

校园分布： 团结一楼南侧绿地。

形态特征： 多年生球根草本，株高为15～30厘米。鳞茎呈卵球形。基生叶常数枚簇生，线形，扁平。花单生于花茎顶端，下有佛焰苞状总苞，总苞片常带淡紫红色；花为玫瑰红色或粉红色；花被片为6枚，裂片呈倒卵形，顶端略尖。蒴果近球形。种子为黑色。花期为6—9月。

生态习性： 喜温暖湿润、阳光充足的环境，耐半阴，耐高温。

应用价值： 栽培供观赏，可用于地被、花坛等。

图片来源：冯璐

草本

186 石蒜（石蒜科　石蒜属）

Lycoris radiata (L'Hér.) Herb.

别　　名： 彼岸花、曼珠沙华、幽灵花。

校园分布： 刺桐园、团结一楼南侧绿地。

形态特征： 多年生球根草本，株高为40～70厘米。鳞茎近球形。叶片呈长带状，深绿色，中间略有粉绿色带，于秋季生出，顶端钝。花茎高约为30厘米；伞形花序，4～7朵着生；花为红色，花被裂片为狭倒披针形，极度皱缩和反卷，花被筒为绿色；雄蕊长于花被。花期为9月。

生态习性： 喜半阴，耐寒，耐旱，忌积水。

应用价值： 栽培供观赏，可用于地被、花坛、切花等，亦可入药。

小 知 识： 石蒜在国外被人们称为“魔术花”，因其开花时无叶相伴，花直接从地面冒出，“见花不见叶，见叶不见花“，所以也被称为“平地一声雷”。同时，日本将春分和秋分时刻称为“彼岸”，而石蒜花开在秋分，因此也被称为“彼岸花”。

图片来源：朱梦涵

187 洋水仙（石蒜科　水仙属）

Narcissus pseudonarcissus L.

别　　名： 喇叭水仙、黄水仙。

校园分布： 刺桐园。

形态特征： 多年生球根草本，株高为30～60厘米。鳞茎呈球形。叶直立，宽线形，先端钝。花茎高约达30厘米，花朵顶生1朵，花朵呈佛焰苞状；花被管呈倒圆锥形，淡黄色；副花冠管稍短于花被或等长。蒴果呈卵形。花期为3—4月。

生态习性： 喜光，耐半阴，冬季喜湿冷，忌积水。

应用价值： 栽培供观赏，可用于盆花、花坛、切花。

小 知 识： 洋水仙和中国水仙是同科同属的植物，但中国水仙的花朵和叶片都较小，具有明显的香味，且花瓣多为白色。

图片来源：汪远

188 狐尾天门冬（天门冬科　天门冬属）

Asparagus densiflorus 'Myersii'

别　　名： 狐尾武竹。

校园分布： 刺桐园、梅陇港旁绿地。

形态特征： 多年生常绿草本，株高为30～60厘米。植株丛生，茎直立生长，稍弯曲。叶片细小呈鳞片状或柄状，3～4片呈辐射状生长，叶片及茎均为鲜绿色。小花为白色。浆果呈小球状，初为绿色，成熟后为鲜红色。

生态习性： 喜温暖湿润气候，耐旱，在上海地区越冬需小气候保护。

应用价值： 栽培供观赏，也可用于切花。

图片来源：汪远

189 金边阔叶山麦冬（天门冬科　沿阶草属）

Liriope muscari 'Variegata'

校园分布： 刺桐园、梅陇港旁绿地。

形态特征： 多年生常绿草本，株高为15～30厘米。叶丛生，宽线形，两侧具有金色边条，先端钝或渐尖。总状花序，花葶稍长于叶簇；花多为淡紫色或紫红色，花被片为6枚。浆果呈卵圆形或近球形，初期为绿色，成熟时为蓝黑色。花期为7—8月，果熟期为9—11月。

生态习性： 喜半阴，喜温暖湿润气候。

应用价值： 栽培供观赏，可用于林下地被、花境等。

图片来源：汪远

草本

190 麦冬（天门冬科　沿阶草属）

Ophiopogon japonicus (L. f.) Ker Gawl.

别　　名： 沿阶草。

校园分布： 广布。

形态特征： 多年生常绿草本，株高为15～30厘米。根粗壮，中间或末端膨大呈纺锤形的小块根。叶基生成丛，长线形，边缘具细锯齿。花单生或成对着生于苞片腋内；花葶常短于叶，不明显；花为白色、淡紫色。花期为6月，果熟期为11—12月。

生态习性： 耐阴，喜温暖湿润气候。

应用价值： 栽培供观赏，可用于林下地被，亦可入药。

小 知 识： 麦冬是一味常见的中药，主要以其块根入药，具有润肺止咳、清热解毒等功效。

图片来源：孙雨婷

191 玉簪（天门冬科　玉簪属）

Hosta plantaginea (Lam.) Asch.

校园分布： 刺桐园、攀登路两旁绿地等。

形态特征： 多年生宿根草本，株高为60～90厘米。叶基生，卵状心形、卵形或卵圆形，成簇生长。花葶高为40～80厘米，总状花序顶生；花为白色，有芳香。蒴果呈圆柱状，有三棱。花果期为8—10月。

生态习性： 喜阴，受强光照射后叶片会变黄，生长不良，极耐寒，能在上海地区露地越冬，地上部分经霜后枯萎，春天萌发新芽。

应用价值： 栽培供观赏，可用于林下地被、花坛、花境等。

图片来源：孙雨婷

192 紫萼（天门冬科　玉簪属）

Hosta ventricosa (Salisb.) Stearn

别　　名： 紫玉簪。

校园分布： 晨园南侧绿地。

形态特征： 多年生宿根草本，株高为30～50厘米。根状茎粗短。叶片呈卵状心形至卵圆形，基部下延呈狭翅状。总状花序顶生，紫色，近漏斗状；雄蕊伸出花被之外。蒴果呈圆柱状，有三棱。花期为6—7月。

生态习性： 喜温暖湿润气候，较耐阴，耐寒。

应用价值： 栽培供观赏，可用于林下地被、花坛、花境等。

小 知 识： 玉簪和紫萼是同科同属的植物，两者较为相似，但花色不同，因此紫萼又被称为紫玉簪。另外，玉簪具有明显香味，而紫萼的香气不明显。

图片来源：孙雨婷

193 花烛（天南星科　花烛属）

Anthurium andraeanum Linden

别　　名： 红掌、祖安花。

校园分布： 攀登路两侧花坛。

形态特征： 多年生草本，株高约为20～50厘米。茎节短。叶互生，叶片革质，有光泽，阔心形或圆心形，先端钝或渐尖，基部呈深心形。肉穗花序，有细长花序梗；佛焰苞为深红色或橘红色，心形，先端有细长尖尾；肉穗花序为淡黄色，直立，圆柱形。花期为2—3月。

生态习性： 喜温热多湿且排水良好的半阴环境，在上海地区不能露地越冬。

应用价值： 栽培供观赏，可用于林下、花坛等，也可用于室内盆栽和切花。

图片来源：孙雨婷

194 金叶番薯（旋花科　番薯属）

Ipomoea batatas 'Margarita'

校园分布： 攀登路两侧花坛。

形态特征： 多年生草本。茎略呈蔓性。叶呈心形或不规则卵形，全缘或有3～5裂，叶片基部呈心形或近截形，叶为黄绿色。聚伞花序腋生，花呈喇叭状。花期为10—11月。

生态习性： 喜高温，不耐阴，耐旱，耐瘠薄。

应用价值： 栽培供观赏，可用于地被、花坛等。

图片来源：冯璐

195 紫竹梅（鸭跖草科　紫露草属）

Tradescantia pallida (Rose) D. R. Hunt

别　　名： 紫鸭跖草。

校园分布： 八教北侧。

形态特征： 多年生草本，株高为30～50厘米。茎肉质，紫红色，节上常生须根。叶互生，披针形，先端渐尖，基部抱茎呈鞘状，上面为暗绿色，下面为紫红色。花为紫红色，花瓣为3枚。蒴果呈圆形，种子呈三棱状半圆形。花期为6—10月。

生态习性： 喜光，耐半阴，耐寒，较耐旱。

应用价值： 栽培供观赏，可用于地被、花境，亦可入药。

图片来源：冯璐

196 德国鸢尾（鸢尾科　鸢尾属）

Iris germanica L.

校园分布： 晨园屋顶花园。

形态特征： 多年生宿根草本，株高为60～90厘米。根状茎粗壮，扁圆形，有环纹。叶为绿色或灰绿色，常具白粉，剑形，无中脉。花苞片草质，绿色，边缘膜质，有时稍带红紫色。花大，色彩丰富，有黄色、紫红色、蓝紫色等；花被管呈喇叭状，上密生黄色须毛状附属物。蒴果呈三棱状圆柱形。种子为梨形，尖部带有黄白色。花期为5—6月。

生态习性： 喜阳光充足、凉爽的气候，耐寒，耐半阴。

应用价值： 栽培供观赏，可用于花坛、花境、盆栽、切花，亦可用于制取香料。

图片来源：冯璐

197 蝴蝶花（鸢尾科　鸢尾属）

Iris japonica Thunb.

校园分布： 梅陇港旁绿地。

形态特征： 多年生宿根草本，株高为40～60厘米。根状茎横生，竹鞭状。叶基生，呈两侧排列；叶片呈剑形，先端渐尖，无明显中脉。花茎直立，高于叶片，聚伞花序，花为淡紫色或蓝紫色，花被上有黄色鸡冠状附属物。蒴果呈椭圆形。花期为3—4月。

生态习性： 耐阴，耐寒，喜湿润、排水良好的环境。

应用价值： 栽培供观赏，亦可入药。

图片来源：龚燕

198 花叶玉蝉花（鸢尾科　鸢尾属）

Iris ensata 'Variegata'

校园分布： 刺桐园、梅陇港旁绿地。

形态特征： 多年生宿根草本，株高为30～80厘米。根状茎粗壮，有皱缩的横纹。叶片呈条形，中脉明显，具黄色条纹。花为深紫色，花被管呈漏斗形，外花被裂片为倒卵形，中脉上有部分黄色斑纹，内花被裂片较小。蒴果呈长椭圆形，顶端有短喙，成熟时从上部开始开裂。花期为5—6月。

生态习性： 常生长在沼泽地或河岸的水湿地，喜疏松、潮湿肥沃的土壤。

应用价值： 栽培供观赏，可用于花境、湿地、盆栽和切花等，亦可入药。

草本

图片来源：孙雨婷

199 马蔺（鸢尾科　鸢尾属）

Iris lactea Pall.

校园分布： 晨园屋顶花园。

形态特征： 多年生草本，株高为15～60厘米。叶基生，灰绿色，条形或狭剑形，基部略呈红紫色，鞘状，无明显中脉。花为浅蓝色、蓝色和蓝紫色等，花被上有颜色较深的条纹。果实呈长椭圆状柱形，有6条明显的肋。种子为不规则的多面体，棕褐色，略有光泽。花期为5—6月，果熟期为8—9月。

生态习性： 喜光，耐旱，耐盐碱，适栽于背风向阳沙质土壤中。

应用价值： 栽培供观赏，可供牲畜食用，叶可作为编织工艺品的原料。

草本

图片来源：冯璐

200 关节酢浆草（酢浆草科　酢浆草属）

Oxalis articulata Savigny

别　　名： 酸酸草、四叶草。

校园分布： 广布。

形态特征： 多年生草本，株高为8～10厘米。根茎肥厚。叶基生，小叶为3枚，扁圆状倒心形，顶端有凹陷。总花梗基生，二歧聚伞花序，多排列成伞形花序，花瓣为5枚，倒心形，淡紫色至紫红色，基部颜色较深。花果期为3—12月，夏季休眠。

生态习性： 喜温暖湿润气候，夏季炎热地区宜遮阴，耐旱，不耐寒。

应用价值： 栽培供观赏，可用于地被、花坛、花境等，全草可入药，有清热利湿、解毒、散瘀消肿的功效。

小 知 识： 关节酢浆草叶多由3枚倒心形小叶组成，偶有4枚，也就是很多人说的“四叶草”，被视为幸运的象征。红花酢浆草和关节酢浆草非常相似，但是关节酢浆草的花瓣喉部为深紫色，而红花酢浆草的花瓣喉部为嫩绿色，红花酢浆草在校园中也有分布。

图片来源：冯璐

201 刚竹（禾本科　刚竹属）

Phyllostachys sulphurea var. viridis R. A. Young

校园分布： 二教北侧、七教东侧、商学院北侧。

形态特征： 常绿乔木或灌木状竹类，散生竹，株高为6～15米。竿直径约为5～10厘米，绿色或黄绿色，微被白粉，节上具两个分支。末级小枝有2～5叶，叶片呈长圆状披针形或披针形。笋期为5月中旬。

生态习性： 适应性强，耐低温。

应用价值： 栽培供观赏，笋可以食用。

图片来源：（左）孙雨婷、（右）胡厚立

202 大明竹（禾本科　苦竹属）

Pleioblastus gramineus (Bean) Nakai

校园分布： 体育馆西侧。

形态特征： 常绿乔木或灌木状竹类，株高为3～5米。地下茎呈复轴型，地面竿多呈丛生状，上部低垂。新竿为黄绿色，老竿为暗绿色，节下方具粉环；竿每节具多枝，丛生，与主竿夹角较小。叶鞘厚纸质，无叶耳，叶片呈狭长披针形或线状披针形。笋期为5月下旬。

生态习性： 喜温暖湿润气候，喜疏松肥沃的土壤。

应用价值： 栽培供观赏，可制作工艺品。

图片来源：冯璐

竹类植物

203 观音竹（禾本科　簕竹属）

Bambusa multiplex var. riviereorum Maire

校园分布： 传递过程研究室附近。

形态特征： 灌木或乔木状竹类，丛生竹，株高可达7米。竿为绿色，底部挺直，顶部略弯，实心且光滑。节处多小枝丛生，叶片呈线形至线状披针形。

生态习性： 耐寒，喜光，耐半阴，生长快，耐修剪。

应用价值： 栽培供观赏，可用于绿篱、假山配植和盆景。

小 知 识： 观音竹为孝顺竹变种，与其区别主要在于植株体量较小，高约为1～3米，且竿为实心，另外小枝叶多而小，常具13～23枚小叶。

图片来源：蒋易蒙

204 孝顺竹（禾本科　簕竹属）

Bambusa multiplex (Lour.) Raeusch. ex Schult. & Schult. f.

别　　名： 凤凰竹、慈孝竹。

校园分布： 广布。

形态特征： 常绿灌木状竹类，丛生竹，株高为4～7米。竿直径为1.5～2.5厘米，底部挺直，顶部略弯。节处着生多个分支。末级小枝具5～12枚叶片，叶直立，三角形或长三角形，顶端渐尖，上面无毛，下面为粉绿色而密被短柔毛。笋期为7—8月。

生态习性： 喜温暖湿润气候，耐寒，怕风，喜酸性土壤，在碱性土壤中有黄化现象。

应用价值： 栽培供观赏，也可用于编织、造纸，竹叶可入药。

图片来源：孙雨婷

205 紫藤（豆科　紫藤属）

Wisteria sinensis (Sims) Sweet

校园分布： 紫藤园、友谊餐厅东侧、刺桐园、鲁华生态园。

形态特征： 落叶藤本，株高可达20余米。茎粗壮，左旋。羽状复叶，小叶有3～6对，纸质，卵状椭圆形或卵状披针形。总状花序生于叶腋或顶芽，花先叶开放，花梗细，花冠呈蝶形，紫色由浅至深。荚果呈线状倒披针形，成熟后不脱落。种子为褐色，扁圆形，有光泽。花期为4月。

生态习性： 喜光，较耐阴，耐寒，耐水湿，耐瘠薄，生长较快，寿命长。

应用价值： 栽培供观赏，可用于廊架绿化、垂直绿化、盆景等。

图片来源：（左上）梁志沅、（右上）冯璐、（下）孙雨婷

藤本植物

206 络石（夹竹桃科　络石属）

Trachelospermum jasminoides (Lindl.) Lem.

校园分布： 紫藤园、实验七楼北侧绿地等。

形态特征： 常绿木质藤本。茎为褐色，小枝被毛。叶革质，卵形、倒卵形或窄椭圆形，无毛或下面疏被短柔毛。二歧聚伞花序圆锥状，顶生及腋生；花冠为白色，有5裂片，倒卵形，顶部反卷，风车状排列。蓇葖果呈线状披针形。种子为褐色，线形，顶端具白色绢毛。花期为5—6月。

生态习性： 喜半阴湿润环境，耐旱，耐水湿。

应用价值： 栽培供观赏，常用于立体绿化及搭配山石，亦可入药。

图片来源：孙雨婷

藤本植物

207 蔓长春花（夹竹桃科　蔓长春花属）

Vinca major L.

校园分布： 校医院旁、晨园北侧绿地等。

形态特征： 蔓性常绿半灌木。叶呈椭圆形，先端急尖，基部下延。花单朵腋生，花冠为蓝紫色，漏斗状，风车状排列，裂片呈倒卵形，先端圆形。蓇葖果平展。花期为3—5月。

生态习性： 喜半阴湿润的环境，耐旱，耐寒，适应性强。

应用价值： 栽培供观赏，可用于地被。

小 知 识： 蔓长春花还有花叶品种。

图片来源：（左上）孙雨婷、（左下）龚燕、（右）曾雨旸

藤本植物

208 地锦（葡萄科　地锦属）

Parthenocissus tricuspidata (Siebold & Zucc.) Planch.

别　　名： 爬山虎。

校园分布： 校医院等建筑外墙。

形态特征： 木质藤本植物。茎匍匐，具吸盘。叶为单叶，叶片多呈倒卵圆形，有3浅裂，顶端裂片急尖，边缘有粗锯齿。花序着生在短枝上，多歧聚伞花序。果实呈球形，成熟时为紫黑色。秋色叶为红色。花期为7月，果熟期为11月。

生态习性： 攀爬能力强，喜阴，耐旱，耐寒。

应用价值： 栽培供观赏，垂直绿化植物，可吸附污染性气体，全草可入药。

图片来源：（上）冯璐、（下）孙雨婷

209 木香花（蔷薇科　蔷薇属）

Rosa banksiae Aiton

校园分布： 刺桐园。

形态特征： 攀缘小灌木，株高可达6米。小枝呈圆柱形，无毛，具皮刺。小叶有3～5枚，稀为7枚，小叶呈卵圆形或长圆披针形，上面为深绿色，下面为淡绿色，羽状复叶。花小，伞形花序，花瓣为重瓣至半重瓣，白色或黄色。花期为4月。

生态习性： 喜光，耐半阴，耐寒，耐旱，耐瘠薄，适生于肥沃湿润、排水良好的土壤。

应用价值： 栽培供观赏，垂直绿化植物，可用于花架、花廊的装饰，亦可制作化妆品、香料。

小 知 识： 木香花分为两色，分别称为黄木香和白木香，刺桐园的这棵为白木香。

图片来源：孙雨婷

210 忍冬（忍冬科　忍冬属）

Lonicera japonica Thunb.

别　　名： 金银花。

校园分布： 友谊餐厅前停车场。

形态特征： 多年生半常绿藤本。小枝细长，中空。叶对生，呈卵形。花于叶腋对生，唇形花有淡香，苞片呈叶状，外被柔毛和腺毛，雄蕊和花柱均伸出花冠，花先为白色后渐变为黄色至黄白色相映。浆果呈球形，成熟时为黑色。花期为4—6月（秋季亦常开花）。

生态习性： 适应性强，耐阴，耐寒，耐旱，耐水湿。

应用价值： 栽培供观赏，垂直绿化植物，可用于花廊、花架的装饰等，亦可药用，有清热解毒之效。

小 知 识： 忍冬花初开为白色，后转为黄色，因此植株上双色花并存，被称为“金银花”。

图片来源：孙雨婷

211 扶芳藤（卫矛科　卫矛属）

Euonymus fortune (Turcz.) Hand.-Mazz.

校园分布： 紫藤园、实验七楼北侧绿地等。

形态特征： 常绿藤本灌木。小枝略呈四方形。叶对生，稍厚，革质，广椭圆形或椭圆状卵形至长椭圆状倒卵形，先端尖或短锐尖，边缘有细齿。聚伞花序，花小不明显。花期为6—7月，果熟期为9—10月。

生态习性： 喜温暖湿润气候，喜阳，耐阴，以含腐殖质多且肥沃的沙质土壤为佳。

应用价值： 栽培供观赏，常用于地被，亦可入药。

图片来源：孙雨婷

212 洋常春藤（五加科　常春藤属）

Hedera helix L.

校园分布： 校医院南侧花坛、和平楼前河道绿化等。

形态特征： 多年生常绿攀缘灌木。茎长可达30米，具气生根。叶革质，多为三角状卵形至长圆形，常有3～5裂。总状花序呈伞形，花为淡黄色，花瓣为5枚。果实呈球形，红色和黄色。花期为11月，果熟期为翌年5月。

生态习性： 喜半阴，耐寒性较强，喜湿润土壤。

应用价值： 栽培供观赏，垂直绿化植物，可用于室内盆栽，亦可入药。

小 知 识： 洋常春藤和常春藤比较相似，但是常春藤的叶片常全缘或有3裂，而洋常春藤的叶片常有3～5裂，且多有5裂。

图片来源：（上）孙雨婷、（左下）孙雨婷、（右下）梁志沅

213 杂种凌霄（紫葳科　凌霄属）

Campsis × tagliabuana

校园分布： 实验一楼南侧。

形态特征： 攀缘藤本。茎木质，表皮脱落，枯褐色，以气生根攀缘。叶对生，奇数羽状复叶；小叶有7～9枚，卵形至卵状披针形，顶端尾状渐尖，基部呈阔楔形，两侧不对称。顶生疏散的短圆锥花序，花萼呈钟状，花冠内面为鲜红色，外面为橙黄色，裂片呈半圆形；雄蕊着生于花冠筒近基部；花柱呈线形。蒴果细长如豆荚，先端钝。花期为6—9月，果熟期为9—10月。

生态习性： 喜光，较耐阴，喜排水良好的微酸性土壤。

应用价值： 栽培供观赏，可用于立体绿化、廊架绿化等，亦可入药。

图片来源：余辰雯

藤本植物

214 睡莲（睡莲科　睡莲属）（品种不确定）

Nymphaea tetragona Georgi

校园分布： 晨园一楼花园。

形态特征： 多年生浮叶型水生草本。根状茎肥厚，直立或匍匐。叶二型，浮水叶浮生于水面；叶呈心状卵形或卵状椭圆形，基部具深缺；沉水叶薄膜质，柔弱。花单生，花色大小不一，浮水或挺水开花。果实为浆果，深绿色或黑褐色，在水中成熟。花期为4—11月。

生态习性： 喜阳光充足、温暖潮湿、通风良好的环境，耐寒，稍耐阴，生长季节池水深度以不超过80厘米为宜，有些品种的池水深度可达到150厘米。

应用价值： 栽培供观赏，可用于水体绿化、切花，亦可净化水质。

图片来源：周天懿

215 黄菖蒲（鸢尾科　鸢尾属）

Iris pseudacorus L.

别　　名： 水生鸢尾、黄花鸢尾。

校园分布： 青春河沿线。

形态特征： 多年生草本，株高为60～70厘米。根状茎粗壮，黄褐色。基生叶为灰绿色，顶端渐尖，有明显中脉。花茎粗壮，有明显纵棱，茎生叶比基生叶短而窄。花为黄色，外花被裂片呈卵圆形，内花被裂片较小，倒披针形，花丝为黄白色。花期为4—5月。

生态习性： 喜温暖水湿环境，耐热，耐旱，极耐寒，喜生长在浅水及微酸性土壤中。

应用价值： 栽培供观赏，可用于水体绿化、雨水花园，亦可作为盆栽观赏或插花切叶。

图片来源：汪远

水生植物

216 水竹芋（竹芋科　水竹芋属）

Thalia dealbata Fraser

别　　名： 再力花。

校园分布： 青春河沿线。

形态特征： 多年生挺水草本，株高为100～250厘米。叶基生，硬纸质，卵状披针形，叶片边缘为淡紫色；叶柄长，基部膨大，叶柄顶端有红褐色斑痕。复总状花序，花小，紫色，花柄可高达2米。蒴果近圆球形。花期为6—8月。

生态习性： 适生于缓流或静水，喜欢微碱土壤，不耐寒。

应用价值： 栽培供观赏，可美化水体，也可用来净化水质。

图片来源：（左上）冯璐、（左中）梁志沅、（左下）冯璐、（右）孙雨婷

参考文献

[1] 董丽，包志毅. 园林植物学[M]. 2版. 北京：中国建筑工业出版社，2020.

[2] 张天麟. 园林树木1600种[M]. 北京：中国建筑工业出版社，2010.

[3] 陈有民. 园林树木学[M]. 2版. 北京：中国林业出版社，2011.

[4] 刘燕. 园林花卉学[M]. 4版. 北京：中国林业出版社，2020.

[5] 汪远，马金双. 上海植物图鉴：乔灌木卷[M]. 郑州：河南科学技术出版社，2017.

[6] 陈月华，王晓红. 园林植物识别与应用实习教程：东南、中南地区[M]. 北京：中国林业出版社，2008.

[7] 杨云峰，芦建国，吴祎欢. 南京林业大学校园植物手册[M]. 南京：东南大学出版社，2021.

[8] 赵杨，王铖，贺坤，等. 校园花木物语：上海应用技术大学植物图说[M]. 北京：中国林业出版社，2022.

[9] 纭七柒. 北京林业大学校园植物导览手册[M]. 北京：中国林业出版社，2016.

[10] 王菁兰，张彤，张贵友. 水木湛清华：清华大学校园植物[M]. 北京：北京大学出版社，2014.

[11] 徐正浩，周国宁，顾哲丰，等. 浙大校园树木[M]. 杭州：浙江大学出版社，

2017.
[12] 苏雪痕 . 植物景观规划设计 [M] . 北京 : 中国林业出版社，2012.
[13] 尼克·罗宾逊 . 种植设计手册（原著第二版修订版）[M] . 尹豪，译 . 北京 : 中国建筑工业出版社，2016.
[14] 中国植物志 [EB/OL] . [2023-12-01] .www.iplant.cn/frps.
[15] 中国植物图像库 [EB/OL] . [2024-03-05] .ppbc.iplant.cn.
[16] 中国自然标本馆 [EB/OL] . [2024-05-01] .www.cfh.ac.cn.
[17] 多识植物百科 [EB/OL] . [2024-07-15] .duocet.ibiodiversity.net.
[18] 华东理工大学 [EB/OL] . [2024-08-10] .www.ecust.edu.cn.